Gaston Tissandier

La science pratique suite des recettes et procédés utiles

Elibron Classics
www.elibron.com

Elibron Classics series.

ISBN 0-543-91148-9 (paperback)
ISBN 0-543-91147-0 (hardcover)

This Elibron Classics Replica Edition is an unabridged facsimile of the edition published in 1889 by G. Masson, Paris.

LA

SCIENCE PRATIQUE

SUITE DES

RECETTES ET PROCÉDÉS UTILES

PAR

GASTON TISSANDIER

RÉDACTEUR EN CHEF DU JOURNAL « *LA NATURE* »

Avec 71 figures dans le texte.

PARIS

G. MASSON, ÉDITEUR

120, boulevard Saint-Germain, en face de l'École de Médecine.

LA

SCIENCE PRATIQUE

SUITE DES

RECETTES ET PROCÉDÉS UTILES

APPAREILS FACILES A CONSTRUIRE

Fumivore ventilateur. — Le fumivore ventilateur que nous allons décrire est destiné à empêcher les cheminées de fumer. Il se compose d'un chapeau mobile formant girouette, muni par sa face postérieure d'un ajutage conique par lequel le vent pénètre sous forme de jet à l'intérieur du chapeau. Il en résulte une aspiration dans le tuyau de cheminée, aspiration activant le tirage, d'autant plus que la vitesse du vent est plus considérable. Le mode d'action est analogue à celui d'un injecteur Giffard.

L'appareil figuré ci-contre (fig. 1) est un de ceux qui ont été construits à la fonderie de canons de Bourges. Ils y ont reçu plusieurs applications : sur l'atelier des forges pour absorber la fumée échappée des cheminées ; sur le laboratoire pour en aspirer les vapeurs non recueillies par les hottes; enfin sur les ateliers installés au premier où la concentration d'un grand nombre d'ouvriers rendait l'air irrespirable pendant les fortes chaleurs ou les longues veillées au gaz. Tous ces appareils ont répondu à leur affectation d'une manière très satisfaisante. Cet aspirateur fut d'abord créé pour l'usage personnel du contremaître

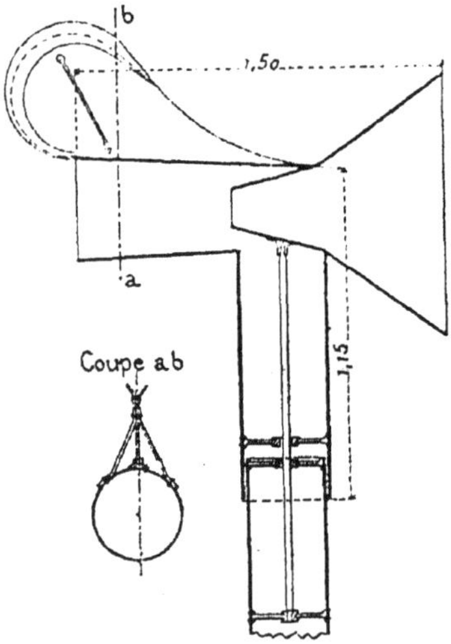

Fig. 1.

de la fonderie, M. Pichonat: gêné par les odeurs de cuisine qui envahissaient son logement, M. Pichonat a essayé tous les chapeaux tournants que l'on trouve chez les quincailliers et fumistes sans obtenir de résultat. C'est à la suite de ces insuccès successifs qu'il se mit à en étudier un nouveau qui donna les résultats attendus. Le dessin que nous donnons a servi à l'exécution de ceux qni existent encore à la fonderie.

Cadran solaire de poche des paysans russes. — Dans certaines parties de la Russie les paysans se servent de cadrans solaires de poche, dits *montres des pâtres.* Voici comment elles sont faites dans le gouvernement de Jaroslav. La figure 2 représente une montre de demi-grandeur naturelle. C'est un triangle en bois ABA′, découpé dans une plan-

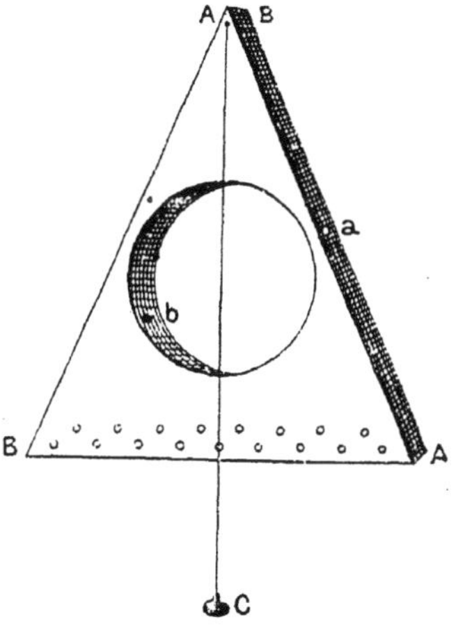

Fig. 2.

chette. Une ouverture en forme de cercle est faite au milieu du triangle. A la moitié du côté AA′ un petit trou *a* est percé à travers toute l'épaisseur du bois jusqu'au cercle découpé. En face de *a* de l'autre côté de la circonférence intérieure est marqué un point *b*. Un fil à plomb C (ficelle avec un grain de plomb ou un bouton au bout) est attaché au sommet du triangle. Pour savoir l'heure d'après cette montre, il faut tourner le trou *a* du côté du soleil et y faire passer un rayon en inclinant le triangle de telle façon que le rayon tombe sur le point *b*. Le fil à plomb C passera alors par l'une des divisions marquées au bas du triangle par deux rangées superposées de points comme le montre le dessin. Ces points marquent les heures du jour. Au lever du soleil, quand le soleil est très bas à l'horizon, il faudra incliner beaucoup le trou *a* et le fil à plomb suivra presque le côté AA' du triangle. A Jaroslav le soleil se lève au mois de juin vers 3 heures. A mesure qu'il montera il faudra, en se réglant sur une montre ordinaire, relever le trou *a* en proportion, et par conséquent le fil à plomb aussi changera de position et ira chaque fois plus à gauche. A 3 heures il passera par le premier point de la rangée inférieure ; ce point marque donc 3 heures, le point suivant 4 heures et ainsi de suite. Le dernier point sera atteint à 11 heures, et à midi le fil à plomb passera sur le côté BB du triangle. Après midi, le soleil baissant, il faudra abaisser le trou *a* et le fil à plomb suivra le mouvement en passant d'un point à l'autre de la rangée supérieure, mais en allant de gauche à droite. Le premier point à gauche sera 1 heure de l'après-midi, le second sera 2 heures, etc., jusqu'au dernier point qui marque 8 heures du soir; à 9 heures, au moment du coucher, le fil à plomb sera revenu sur le côté AA' du triangle. La montre des pâtres que nous avons dessinée est calculée pour les jours les plus longs; mais en changeant la position des points d'après les jours d'automne, on peut la faire servir pour les autres mois. Pour disposer les points d'une telle montre soit pour l'été, soit pour l'automne, il faut la vérifier pendant une journée entière sur une montre ordinaire.

Appareil de sûreté pour verser les liquides. — Il suffit de munir la bouteille du liquide à verser d'un tube de verre courbé et allongé, traversant un bouchon déterminant la fermeture hermétique du goulot. On verse, en faisant plonger le tube de verre dans le liquide déjà écoulé (fig. 3). La bouteille peut

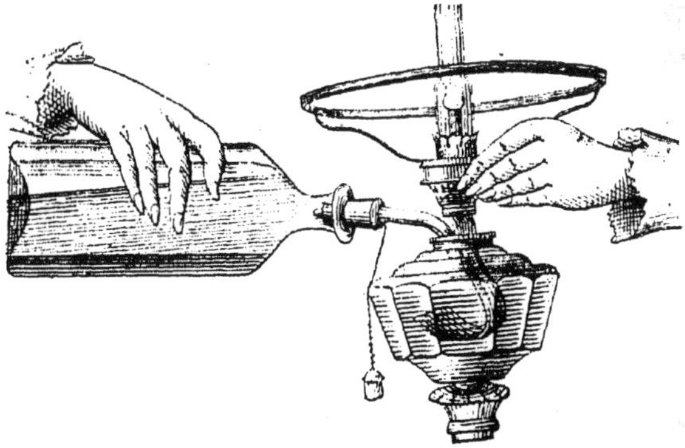

Fig. 3.

être alors retournée sans que l'écoulement continue, en raison de l'action de la pression de l'air; pour déterminer un nouvel écoulement, on soulève l'orifice du tube au niveau du liquide afin de faire entrer de l'air dans la bouteille. Ce dispositif simple que chacun peut faire soi-même convient parfaitement aux huiles et essences de pétrole employées dans les lampes à combustibles minéraux.

Manière de confectionner un mètre. — On est parfois embarrassé, à la campagne ou en voyage, quand on veut mesurer un objet et que l'on n'a pas de mètre sous la main. Voici la manière d'en confectionner un. Prenez un petit sou et rappelez-vous

Fig. 4.

qu'il mesure $0^{m},025$ de diamètre. Prenez une bande de papier et pointez des diamètres à la suite les uns des autres : vous obtiendrez le mètre comme l'indique la figure ci-dessus (fig. 4), 4 sous formant 10 centimètres (M. *F. Bergmann*, à Lyon).

Une lampe à pétrole. — Un flacon, une balle de fusil en plomb et une mèche en coton constituent tout le matériel nécessaire. On perce la balle d'un trou de 2 millimètres de diamètre à peu près ; on y passe une mèche en filaments de coton et on l'adapte au goulot d'un flacon, de façon que la mèche en sortant de la balle par le trou en affleure les bords sans trop les dépasser. On remplit le flacon de pétrole, et la lampe est prête à fonctionner. Elle brûle avec une petite flamme en veilleuse et ne répand aucune odeur ni fumée (M. *Giuseppe Napoli*, à Foggia).

Bourrelets pneumatiques pour portes et fenêtres. — Nous allons indiquer la manière de poser soit aux portes, soit aux fenêtres de son appartement, des bourrelets absolument hermétiques. M. J. P., qui nous a communiqué ce procédé, a imaginé ces bourrelets pour son usage il y a plus de quinze ans.

On devra tout d'abord se munir d'un pinceau, d'un flacon de colle forte liquide ou d'un flacon de vernis et d'une pièce de ruban de fil. Le ruban aura 4 centimètres environ de largeur; il sera aussi fin et aussi souple que possible.

Cela fait, soit à poser un bourrelet sur le montant vertical d'une porte.

On voit (fig. 5, n° 1) une coupe horizontale faite

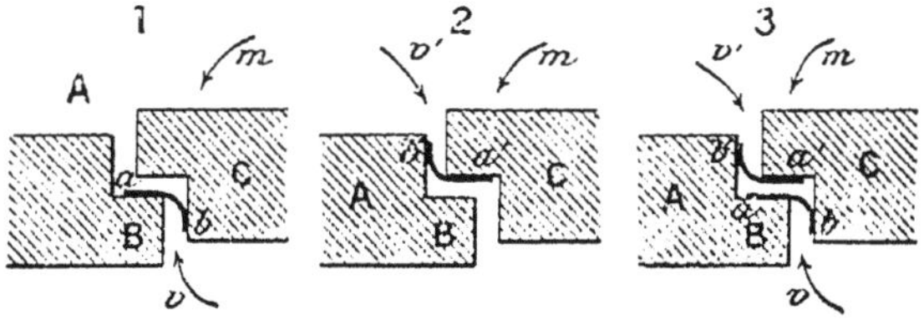

Fig. 5.

sur les deux montants qui viennent battre l'un contre l'autre[1]. La fermeture n'est pas bonne; c'est là l'hypothèse, et la figure montre le jeu laissé libre entre les montants. Supposons que la salle que l'on veut préserver des vents coulis soit placée du côté A de la porte et que cette dernière se ferme dans le sens indiqué par la flèche *m*.

Il suffira de coller la bande de ruban tout le long

1. Sur toutes les figures la lettre *a* et *a'* indique la partie collée.

de la feuillure B de façon que la moitié environ de sa largeur soit flottante en dehors de la porte. Le vantail C, en se refermant, donne au ruban la forme recourbée *ab* et l'applique contre le bois. On conçoit que, dans ces conditions, le vent qui tend à pénétrer entre les portes dans le sens indiqué par la flèche *v*, a pour effet d'appliquer le ruban d'autant plus énergiquement contre la porte que lui-même a plus de force. De cette façon l'on est d'autant mieux calfeutré que le tirage des cheminées est plus énergique.

Si l'on veut préserver du courant d'air le côté B de la porte (fig. 5, n° 2), alors on colle la bande en *a'b'* sur la feuillure de l'autre battant. Enfin, si l'on a lieu de craindre les courants d'air dans les deux sens *v* et *v'* (fig. 5, n° 3) on colle deux rubans en *ab* et en *a'b'* comme l'indique la figure 5, n° 3. On voit, en somme, que ce ruban agit à la manière du cuir de Brama dans les presses hydrauliques.

Pour le haut des portes, la figure 6, nos 4, 5 et 6 in-

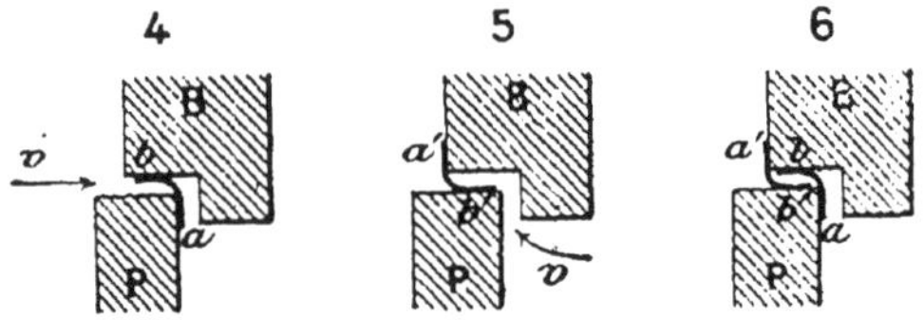

Fig. 6.

dique les dispositions à donner aux bourrelets suivant les hypothèses faites pour la direction des courants d'air.

Dans le cas de la figure 6, n° 6 le bourrelet double, *ab* et *a'b'*, s'oppose à l'introduction de l'air dans les deux sens.

Le calfeutrage du bas des portes est plus difficile à réaliser.

Si la porte ouvre du côté d'où l'on craint l'arrivée de l'air, alors, encollant sur la traverse inférieure de la porte un ruban assez long pour traîner sur le sol, le courant d'air aura pour effet, en venant dans la direction de la flèche *v* (fig. 7, n° 7), d'appliquer la bande de toile sur le parquet, et l'obturation sera parfaite; mais l'on conçoit que si le courant se produisait dans le sens de la flèche *v'*, il soulèverait le ruban et passerait dessous.

On adoptera, pour le bas des portes, l'une quelcon-

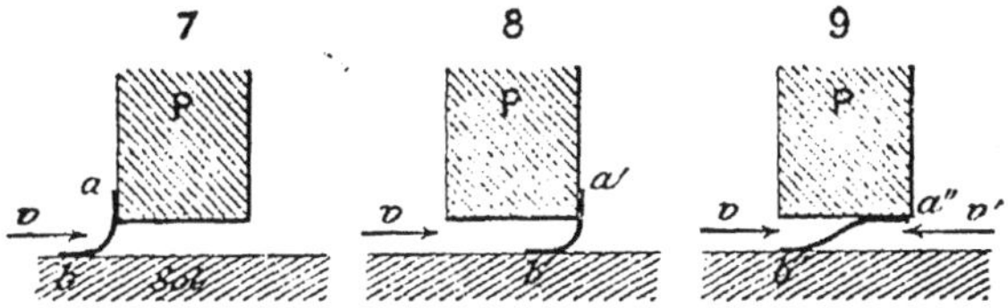

Fig. 7.

que des trois dispositions indiquées figure 7, n° 7, 8 ou 9; celle de la figure 7, n° 9 est préférable; elle donne un bourrelet invisible, mais elle exige que la porte soit démontée de ses gonds, pour coller le ruban.

Si le courant d'air tend à se produire à l'appel, c'est-à-dire dans la direction de la flèche *v'*, on peut l'arrêter en clouant le ruban sur le parquet, comme l'indique la figure 8, n° 10; mais cette disposition n'est pas à recommander, parce que le ruban est rapidement arraché par les personnes qui passent, et que, de plus, il emmagasine la poussière.

Il est préférable d'adopter la combinaison suivante.

On prend un ruban plus large et l'on y pratique (fig. 8, n° 11), soit à l'emporte-pièce, soit avec des ciseaux, une série de petits trous *g*, *g*, *g*, de 1 centimètre environ de diamètre disposés sur une moitié seulement de sa largeur.

Cela fait, le ruban est collé comme l'indique, en coupe, la figure 8, n° 12, mais en ayant soin que les trous, *g'*, soient placés du côté d'où vient le vent, *v*.

Dans ces conditions le courant d'air s'engouffre dans les trous, *g'* (fig. 8, n° 12), il donne au bourrelet

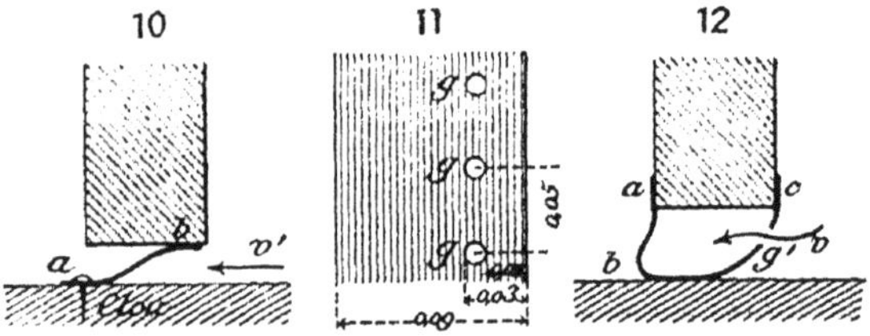

Fig. 8.

la forme d'une poche *abc* bien gonflée, et qui produit le plus souvent un calfeutrage suffisant.

La bande de toile doit avoir, dans ce cas, une largeur égale à une fois l'épaisseur de la porte, plus deux fois la hauteur du jeu; à cela il faut ajouter 2 centimètres environ pour le collage, en admettant qu'il suffise de la coller sur 1 centimètre de hauteur, de chaque côté *a* et *c*. Ainsi, pour un jeu de 2 centimètres, la porte ayant 3 centimètres d'épaisseur, il faudra une bande de toile de $3 + 2 + 2 + 2 = 9$ centimètres. Les trous seront percés à 2 centimètres environ du bord; ils seront espacés de 5 en 5 centimètres.

Les fenêtres seront calfeutrées de la manière suivante. Faisons remarquer tout d'abord que, pour les fenêtres, le courant d'air est toujours dirigé de l'extérieur vers l'intérieur. 1° Le bas de la fenêtre sera

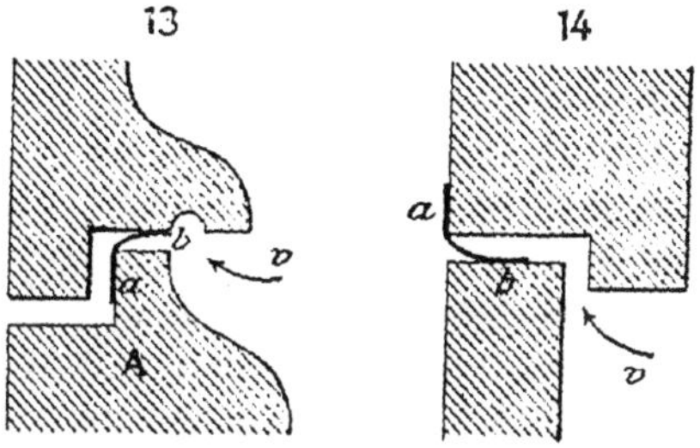

Fig. 9.

garni comme l'indique la figure 9, n° 13. Le ruban sera collé en *ab* sur la traverse fixe A. 2° Dans le haut (fig. 9, n° 14), il le sera comme il a été dit pour les portes. 3° Du côté des charnières on le placera

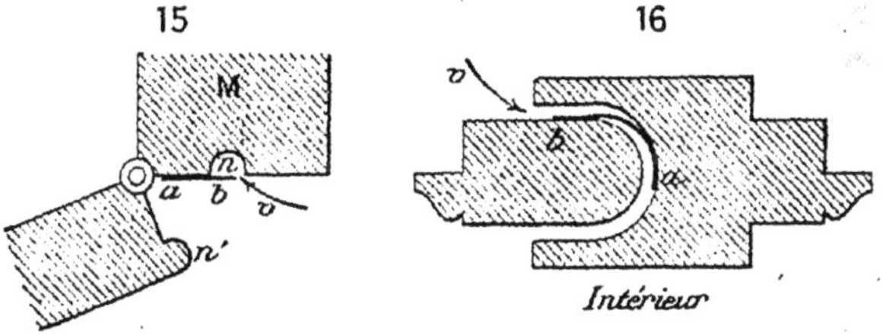

Fig. 10.

comme l'indique la figure 10, n° 15, c'est-à-dire collé en *ab* sur la partie fixe M et recouvrant en partie la gorge *n* dans laquelle s'engage la partie saillante *n'* du battant de la fenêtre. 4° Enfin, sur le montant vertical central, à la jonction des deux moitiés de la fenêtre, on placera le ruban comme l'indique la figure 10, n° 16. Il sera collé en *a* dans l'intérieur de la gorge du battant de droite, et l'on aura soin qu'il soit flottant en *b*, du côté de l'extérieur; de cette façon le courant d'air appliquera, en *b*, cette partie flottante sur le battant de gauche.

La pose de ces bourrelets pneumatiques est aussi simple que rapide. Elle se fait de la manière suivante. Quand on a bien décidé sur quelle partie de la fenêtre ou de la porte on doit coller le ruban, on commence par laver cette partie au moyen d'une éponge trempée dans de l'eau bien chaude. Sur le bois ainsi chauffé on applique, au pinceau, une couche mince de colle forte ou de vernis, et, immédiatement après, le ruban.

Il ne faut pas tirer sur ce dernier, ce qui le ferait gauchir et se voiler; il suffit d'exercer sur lui, avec le doigt, une légère pression qui le fait adhérer à la colle. Plus le ruban est mince et souple, plus le calfeutrage est parfait : un ruban de soie serait préférable à un ruban de toile.

Utilisation de la chaleur perdue des lampes. — On sait quelle chaleur considérable se produit pendant la combustion de l'huile, du pétrole ou du gaz dans une lampe servant à l'éclairage. La partie supérieure du verre de la lampe est un véritable fourneau que l'on pourrait utiliser comme tel, si l'on y disposait un support pour le chauffage d'une capsule, d'une petite bouillote ou d'une casserole de petite dimension.

Notre figure 11 représente (n° 1) un petit appareil qui convient parfaitement pour cet usage, et que l'on peut facilement confectionner soi-même, si l'on ne

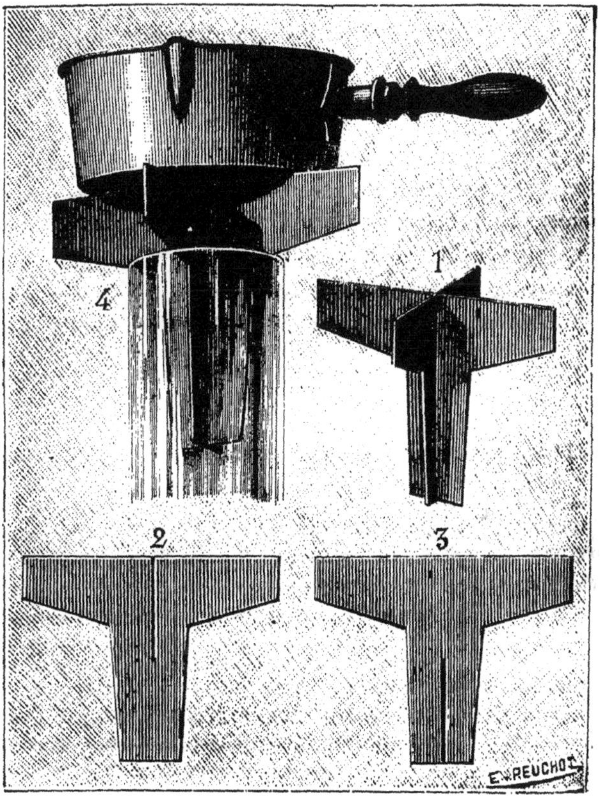

Fig. 11.

veut pas se le procurer tout fait dans les bazars où il se trouve généralement.

Il suffit de prendre une feuille de cuivre laminé et

d'y tailler à la scie deux pièces de la forme indiquée à la partie inférieure de notre figure (n° 2 et 3). On pratique en outre une entaille en haut et en bas de chacune d'elles, de manière à les introduire l'une dans l'autre afin d'avoir le système n° 1, qui sert de support de chauffe au-dessus d'un verre de lampe (n° 4). Si l'on veut chauffer une capsule de porcelaine sur ce support, on peut arrondir à leur partie supérieure les deux lames de métal qui le constituent. Il faut avoir soin, quand on se sert de l'appareil que nous venons de décrire, de chauffer d'abord très lentement le verre de lampe qui sert de support, c'est-à-dire d'élever la flamme très modérément, afin d'éviter que le verre ne se casse par une action calorifique trop rapide.

Hygromètre facile à construire. — Chacun sait, depuis longtemps, que certaines plantes sont douées de propriétés hygroscopiques remarquables. Les feuilles de tabac sèches donnent déjà de bons résultats; les botanistes connaissent bien les propriétés du *stipa pennata*, graminée fort commune en France. Depuis un an environ, j'ai confectionné un hygromètre avec une algue fort commune sur cos côtes bretonnes, le *chorda filum*. La forme même de la plante, qui est celle d'une corde de 2 à 3 millimètres environ de diamètre, rend la construction de l'instrument très facile. La partie supérieure de l'algue est fixée sur une planchette, à l'aide d'une petite pierre, l'autre extrémité supporte un contrepoids destiné à obtenir une tension suffisante. On peut d'ailleurs intercaler une petite poulie munie d'une aiguille à 15 ou 20 centimètres du contrepoids ; on y enroule l'algue. Il est facile dès lors de comprendre le fonctionnement de l'appareil, qui est analogue à celui de Saussure. Il peut d'ailleurs être gradué par comparaison, ses dimensions rendant au moins difficile tout autre mode de graduation. Ainsi construit, cet appareil est un véritable hygromètre et ses indications ne sont plus approximatives comme celles des hygroscopes : moine à capuchon, images ou fleurs recouvertes d'une solution de chlorure de cobalt, etc. La plante est commune, la construction de l'instrument facile à exécuter, et je crois qu'il peut rendre quelques services à nos agriculteurs (M. *Humbert*, à Orléans).

Hygromètre à torsion. — Partant de l'hypothèse que des matières textiles tordues, telle que le chanvre, le lin, le coton et bien d'autres, doivent subir une torsion variable, suivant l'état hygrométrique de l'atmosphère, j'ai constaté que la torsion est plus forte lorsque l'humidité augmente, et qu'elle diminue quand la sécheresse se fait sentir. Une ficelle de chanvre suspendue par son milieu, et portant, par ses deux extrémités, un poids, fera l'objet d'un hygromètre double; chacune des deux moitiés de ficelle concourant, en ensemble, à ne donner qu'une seule résultante. Cet hygromètre à torsion est construit de la manière suivante : l'appareil a son attache à un point de suspension quelconque auquel on fixe, rigidement, un piton de cuivre, épais de 2 millimètres. Dans l'anneau de ce piton, on introduit une ficelle de chanvre, cordonnet, de demi-millimètre, qui reste suspendue par son milieu. Aux extrémités de cette ficelle, et laissant entre elles 20 centimètres d'écart, on attache, en traversant de part en part, une barre ronde de cuivre jaune (fig. 12). On fait, en outre, dépasser au delà de l'un des deux bouts du métal, une aiguille de cuivre fixe, devant servir d'indicateur de variations de torsion. Le poids de cette barre est de 800 grammes, et son centre se trouve à un mètre plus bas que son point de supension. On peut modifier l'amplitude des oscillations en employant une barre plus ou moins lourde. Cet instrument est très sensible et ses indications sont bien plus accentuées que celles de l'hygromètre de Saussure. Il est très facile d'installer, en quelques minutes, un hygromètre à torsion, très primitif, en remplaçant la barre de cuivre par une planchette mince de bois, à laquelle on laisse, en saillie, un dard de flèche, comme indicateur des degrés; sur cette planchette on place, au centre, un poids de 800 grammes (M. *Ernest Lehman*, à Arcachon. Gironde).

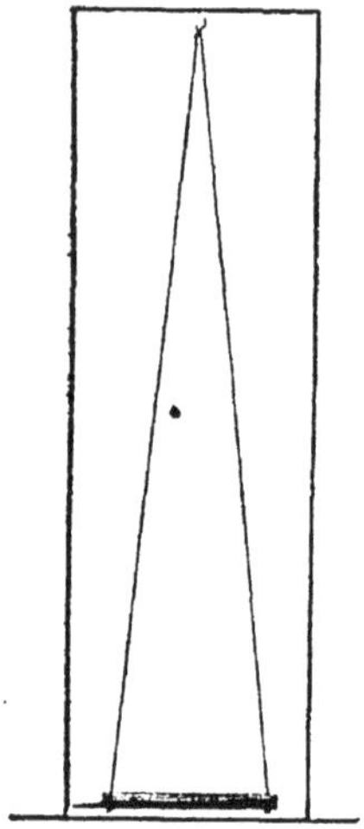

Fig. 12.

Éventail en bois. — On prend dans une planche de sapin un morceau bien net, de droit fil, de 30 centimètres de longueur, 5 de large et 2 d'épaisseur. Vers le milieu on fait deux entailles, une de chaque côté, de façon à laisser environ un fort centimètre de bois entre elles. Le bout le plus long sera le manche;

arrondi, orné, il révélera le goût de l'artiste et son adresse. L'autre bout (le plus court), destiné à former le corps de l'éventail, demandera moins d'art, mais plus d'exactitude. On le fend, jusqu'aux incisions, en lamelles de 2 millimètres d'épaisseur environ ; il faut arriver à en faire vingt-quatre pour avoir un éventail de quelque surface. Le bois qui reste après l'opération est enlevé avant de procéder à la confection du man-

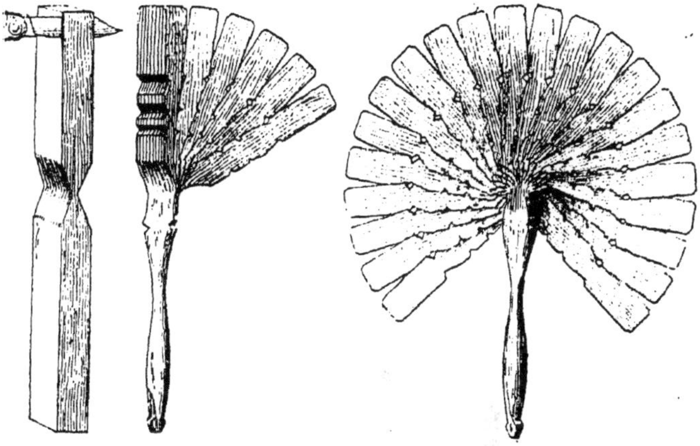

Fig. 13.

che. Sur le côté des lames on fait trois incisions analogues à celles du début, elles doivent avoir 5 millimètres de profondeur, 1 centimètre de large, et on laisse 2^{cm},5 entre chacune d'elles ; la première sera de 2 centimètres au-dessus du manche. Alors, pour éviter tout accident, on trempe le tout dans l'eau, jusqu'à ce que le bois soit bien imbibé, et quand il est bien saturé de liquide, on commence à donner sa forme à l'éventail en pliant les lames avec précaution. On commence par un côté, et chaque lame, pliée, est fixée dans sa position, en engageant les encoches l'une dans l'autre. La première moitié achevée, on retourne la pièce et on fait de même pour l'autre moitié. Quand le bois est sec, la forme est définitive et le bois a repris son élasticité (d'après le *Scientific American*).

LE TRAVAIL DU PAPIER.

Boîte en papier. — Prendre une feuille de papier carrée, former les plis indiqués figure 14, n° 1 ; découper ainsi que le montre le n° 2; donner un coup de ci-

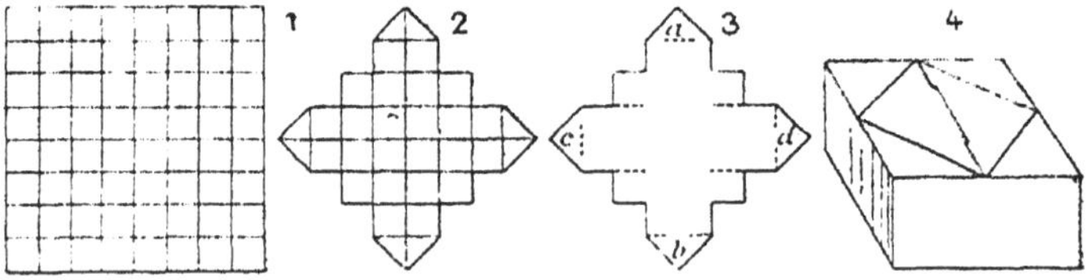

Fig. 14.

seaux dans les lignes pointillées du n° 3; replier les bords de la pointe *b* pour entrer dans la fente de la pointe *a* et les déplier; faire entrer de même la pointe *d* dans la pointe *c* et la boîte est fermée (n° 4). Il est important d'employer un papier ferme (M. *Bergmann*, à Lyon).

Autre boîte en papier. — Prendre une feuille de papier rectangulaire; inutile qu'elle soit carrée. La plier en trois, transversalement à sa largeur de préférence; la rouvrir et plier en deux les panneaux de droite et de gauche, de façon à obtenir finalement, en rouvrant la feuille de papier, le profil brisé représenté en A (fig. 15). Rabattre sur le panneau central les parties 4 et 5, plier leurs coins comme l'indique la figure B, puis replier 5 sur 4. Faire ensuite de même pour les parties 1 et 2. On a ainsi obtenu la figure C, dans la-

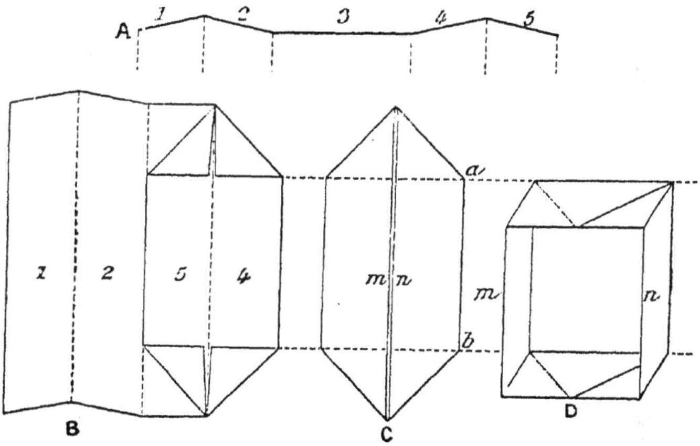

Fig. 15.

quelle il n'y a plus qu'à écarter l'un de l'autre les bords *m* et *n* pour déterminer le redressement des quatre bords de la boîte D. En ayant soin de marquer, au préalable, quand on en est arrivé à la figure C, deux plis suivant *a* et *b*, on facilite le redressement des bords formant les deux bouts de la boîte. Pincer ensuite les angles verticaux pour accentuer leur arête (employé par les confiseurs).

Confection d'un soufflet en papier. — Prenez une feuille de papier carrée (fig. 16, n° 1) et formez les plis indiqués (n° 2); pliez le papier de manière à former 4 pans (n° 3); repliez les deux pans sur eux-

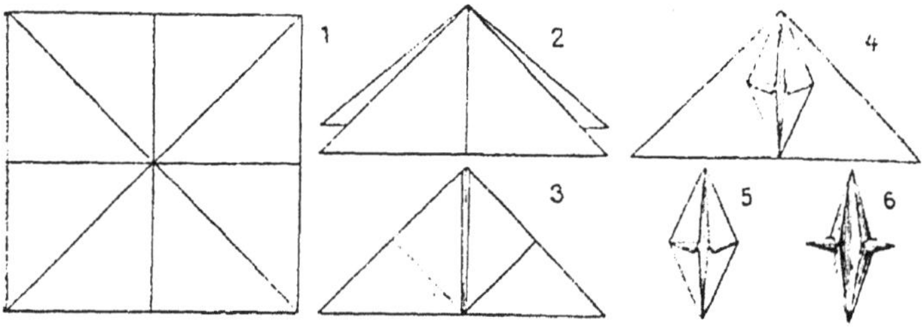

Fig. 16.

mêmes (n° 4); repliez encore les deux pans de manière à former une petite oreille (n° 5); agissez de même pour les deux autres pans et vous obtiendrez le soufflet (n° 6), soufflet vu de profil.

Pour vous en servir prenez les oreillettes entre vos doigts et agissez comme avec un accordéon. On peut très bien allumer un feu avec ce soufflet si on lui donne des dimensions suffisantes (M. *F. Bergmann*, à Lyon).

Un ballon en papier. — Prenez un carré de papier et formez les plis indiqués figure 17, n° 1; pliez ensuite le papier de manière à obtenir la figure n° 2, en formant quatre pans. Repliez ces pans sur eux-mêmes comme dans la figure n° 3. Rabattez ensuite le pan *cdf* suivant la ligne ponctuée *df*, et vous aurez ainsi la figure n° 4. Faites entrer la petite corne *cad* dans la poche formée par *fed* en marquant bien les plis, ce qui donne la figure n° 6. Faites de même pour les trois autres, et vous obtiendrez la figure n° 7. Pliez ensuite les pans *adfb* et *amnb* de la figure n° 6 de manière à obtenir la figure n° 7. Des deux extrémités *a* et *b*, l'une est fermée et l'autre ouverte. Soufflez dans cette ouverture et le papier se gonflera en prenant la forme de la figure n° 8. Le

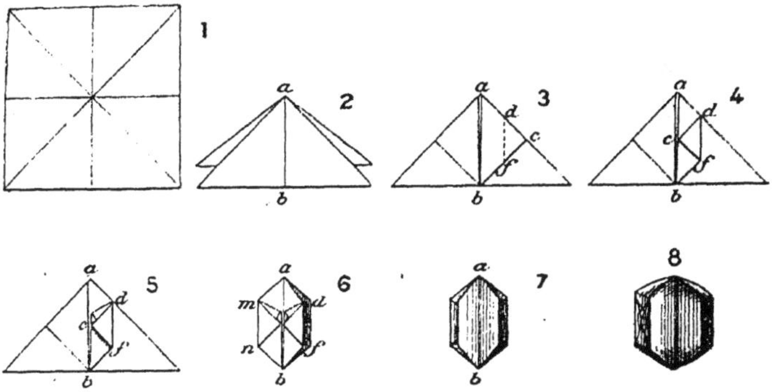

Fig. 17.

ballon est ainsi construit. En construisant avec du papier-calque très fin, un ballon analogue à celui ci-dessus décrit et gonflé d'hydrogène, on voit ce petit aérostat d'un nouveau genre s'élever lentement. Il est d'ailleurs très facile de préparer soi-même quelques litres d'hydrogène (M. *Georges Moureaux*, au parc de Saint-Maur. Seine).

Ballon fait sans rognure avec un carré de papier ou d'étoffe. — Couper le carré suivant une diagonale comme l'indiquent les deux premiers dessins (fig. 18). Plier dans le même sens aux six lignes tracées, coudre ou coller ensemble les côtés qui ont la même lettre. Le dernier dessin est celui du ballon encore développable, lorsqu'il ne reste plus à rejoindre que deux paires de côtés. Appelons l la longueur

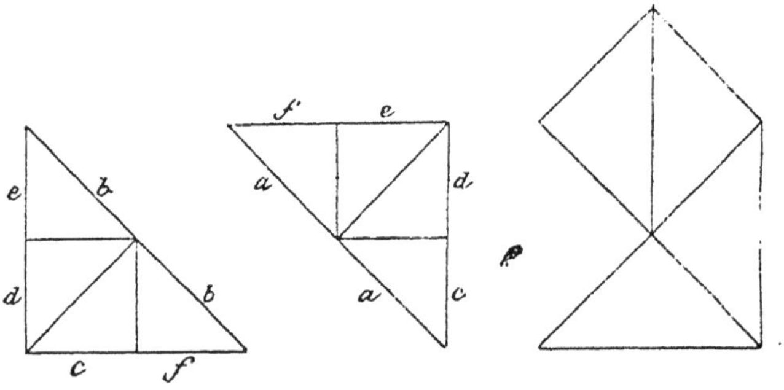

Fig. 18.

du carré d'étoffe; la longueur du carré à coller ou à coudre $= l(2+\sqrt{2})$ Le résultat est un polyèdre à huit faces, triangles rectangles isocèles (M. *Ch. Delon*, à Paris).

Boîte en papier pour servir des fruits à la campagne. — Prenez une feuille de papier carrée et repliez les angles suivant les lignes pointillées (fig. 19, n° 1), vous obtiendrez le carré n° 2 que vous repliez suivant les lignes pointillées, et vous formez sans difficulté le bateau double n° 3.

Vous en retirez de chacun la pointe intérieure dont

vous repliez les angles suivant les lignes pointillées n° 4, vous tirez les deux côtés et vous obtenez la

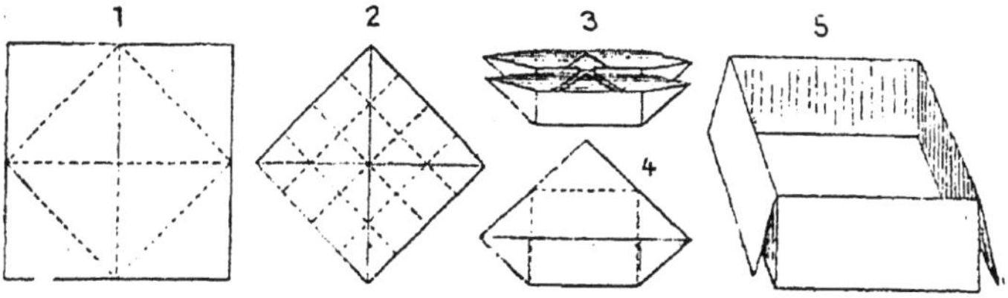

Fig. 19.

figure n° 5 qui est la boîte terminée (M. *F. Bergmann*, à Lyon).

MATIÈRES ALIMENTAIRES

VINS. — BIÈRE. — CIDRE. — BOISSONS.

Recette pour ôter au vin le goût de piqué tout en lui conservant sa valeur. — Pour une barrique de vin piqué on fait un mélange de 2 kilogrammes de marbre blanc (de Carrare de préférence) avec deux blancs d'œufs et un litre de vin; lorsque cette pâte est devenue assez claire, on la verse dans la barrique, on fouette ensuite le vin, puis on le soutire (M. *Albigot*, contremaître de la marbrerie Gérusez, à Bordeaux).

Faire disparaître au vin le goût de soufre. — Il existe plusieurs moyens de faire disparaître le le goût de soufre au vin. Voici les plus simples : 1° En soutirant le vin, placer sous le robinet et sur le récipient une toile métallique aussi fine que possible. — 2° Employer pour récipient un vase de cuivre préalablement bien nettoyé. Ce moyen est le plus fréquemment employé. — 3° Si on n'a pas de grand vase en cuivre propre à un transvasement, se servir d'un entonnoir en cuivre, que l'on place sur le fût dans lequel on veut vider le vin soutiré de la cuve ou d'un autre fût (M. *Ernest Odier*, à Saint-André-en-Royans).

Phosphatage et tartrage des vins. — Lors d'une séance de l'Académie de médecine, M. Gautier, au nom d'une commission composée de MM. Bergeron et Brouardel, a lu un rapport sur les nouveaux procédés de vinification qui ont été proposés pour remplacer le plâtrage des moûts de vin, et, en particulier, sur le phosphatage et le tartrage. Il résulte des nombreuses recherches qui ont été faites à ce sujet qu'au point de vue de l'hygiène publique, les pratiques du phosphatage ou du tartrage des moûts ne sauraient présenter aucun inconvénient sensible. Elles ont l'une et l'autre le grand avantage d'augmenter le titre alcoolique des vins en activant la vie des levûres viniques et, corrélativement, en s'opposant au développement des organismes d'où résultent les alcools secondaires et supérieurs, c'est-à-dire les produits les plus nuisibles des alcools de vin. L'une et l'autre méthode augmentent dans les vins la quantité des substances dissoutes, c'est-à-dire les principales matières tannantes, toniques et souvent ferrugineuses, quoique dans une proportion généralement moindre que ne le fait le plâtrage. Le phosphatage introduit aussi dans le vin, à l'état de phosphate de potasse et de chaux, 1 gramme à 1gr,25 de sels utiles à la reconstitution des tissus, ceux-là mêmes que nous fournissent tous les jours la viande et le pain. Le tartrage ne modifie pas sensiblement la composition du vin produit, abstraction faite de l'augmentation de l'alcool et de la couleur, et de la diminution des composés plus ou moins dangereux qui résultent des fermentations secondaires. En produisant une fermentation rapide, une défécation plus complète des vins produits, en augmentant leur acidité et leur alcool, ces deux méthodes paraissent devoir réussir, lorsqu'elles seront bien appliquées, à préserver ces vins de toute altération ultérieure.

Bière de ménage. — Pour faire une bonne bière de ménage, j'ai vu employer nombre de fois dans les fermes la recette ci-dessous qui, paraît-il, donnait de très bons résultats :

Mélasse........	6 000	grammes.
Houblon.........	500	—
Orge....	6 000	—
Eau.........................	220	litres.
Levure de bière liquide.......	1	—

(M. *Eugène Hauvespre*, à Courville.)

Autre recette. — Voici une recette que nous employons souvent pour faire une boisson très agréable; elle m'a été donnée en 1856 par M. Charles Sylva, médecin à Bayonne :

Houblon......................	50	grammes.
Sucre cassonade bise........	2 500	—
Vinaigre.................... .	3/4	de litre.
Fleurs de sureau sèches......	8	grammes.
— violette —	15	—
Eau........................	30	litres.

Faire infuser en échaudant d'abord les fleurs, faire fondre le sucre avant de l'ajouter, pendant une semaine l'hiver, quatre jours pendant les autres saisons, puis décanter, mettre en bouteilles, ficeler les bouchons et laisser les bouteilles debout, pour éviter la casse. Généralement, l'hiver, cette boisson ne fait pas partir le bouchon, mais lorsqu'il fait chaud, le bouchon saute au plafond et le liquide fait un panache comme la bière de mars (M. *H. Carlier*, à Saint-Martin de Hinx).

Les maladies du cidre. — Quand arrivent les chaleurs, les cidres dont la fabrication a laissé à désirer sont sujets à diverses altérations. Voici, d'après le syndicat de Pont-Audemer, comment on peut y remédier :

1° *Cidre trouble.* — Lorsque le cidre ne se clarifie pas, il doit ce défaut à des pommes trop peu mûres ou à des pommes mal conservées, ou à un arrêt de fermentation causé par un brusque refroidissement de température. Pour y remédier, on ajoutera 250 grammes de sucre, dissous dans un cidre tiède ou chaud, pour un hectolitre. La fermentation reprendra, et le cidre deviendra limpide; ne pas attendre que le cidre soit aigri. On soutirera ensuite.

2° *Cidre acide; pousse.* — Cet accident est dû à un ferment vicieux. Il faut coller le cidre avec du cachou, 60 grammes par hectolitre; puis le transvaser dans un fût préalablement soufré.

3° *Cidre gras*, de consistance visqueuse. — C'est encore l'effet d'un ferment vicieux, qui s'observe aussi dans le vin blanc. On y remédie en ajoutant 300 grammes d'alcool avec 5 ou 6 grammes de tanin par hectolitre. La matière visqueuse se dépose au fond. Alors il faut soutirer.

4° *Cidre qui noircit* ou *qui se tue*, et devient plat.— On attribue cette maladie aux eaux malpropres des mares ou aux eaux calcaires et séléniteuses mêlées au cidre. On y remédie en introduisant 20 grammes d'acide tartrique ou 20 grammes de tanin par hectolitre; on peut remplacer le tanin par de l'écorce de chêne râpée ou des fruits de sorbier, qui sont riches en acide tannique.

5° *Cidre moisi*, qui se couvre de petites moisissures blanchâtres, nommées fleurs ; il perd son alcool et devient plat. — Il faut soutirer en laissant la surface chargée de moisissures, puis faire le plein dans le nouveau fût préalablement soufré.

6° *Cidre aigre* dont l'alcool se transforme en vinaigre. — C'est la maladie la plus commune, et celle qui empêche la propagation du cidre ; elle est due à l'introduction de l'air dans le tonneau en vidange. On y obvie en couvrant la masse liquide d'une couche d'huile d'olive ou d'œillette.

Les cidres ayant subi un commencement d'altération doivent être livrés au plus tôt à la consommation après avoir été traités comme il vient d'être dit.

(*Bulletin de la Société des agriculteurs de France.*)

Emploi de la pâte à papier pour clarifier la bière. — Un journal allemand fait observer que le papier étant aujourd'hui, en grande partie, composé de pâte de bois, on pourrait l'employer à clarifier la bière au lieu de se servir de copeaux de bois, à condition, bien entendu, d'éliminer toute substance minérale ou autre qui serait de nature à nuire à la bière. On pourrait faire usage, soit de papier à filtrer, soit de pâte, consistant exclusivement en matière ligneuse fournie par le hêtre ou le noisetier, avec addition de tanin et de colle de poisson convenablement dosés.

Vins et eaux-de-vie de framboises et de fraises. — Dans une note à l'Académie dessciences, M. Rommier rappelle que, suivant l'observation de M. Le Bel, la framboise possède sur sa pellicule un ferment particulier, qui n'est pas apte à transformer en alcool la totalité du sucre. C'est pourquoi on obtient un vin de framboise qui ne contient que 2 à 2,25 p. 100 d'alcool. au lieu de 5 p. 100 environ qu'il devrait donner dans une fermentation régulière.

M. Rommier s'est livré à de nombreux essais sur le mode d'action de la levûre de framboise.

En ajoutant à la framboise écrasée de la levure de vin ellipsoïdale, la fermentation, au lieu d'être languissante, transforme en alcool non seulement tout le sucre contenu dans le fruit, mais encore deux à trois fois autant qu'il en renferme ordinairement.

L'eau-de-vie de framboise obtenue par la distillation du vin ou du marc étendu d'eau, est fortement aromatisée, bien qu'elle ait été diluée par l'alcool résultant de la fermentation du sucre ajouté pendant la fermentation du vin.

M. Rommier a reconnu que les grosses et belles fraises qu'on cultive aux environs de Paris possèdent une levûre plus complète que celle de la framboise et qui est capable de transformer tout leur sucre en alcool. Mais, pour obtenir une fermentation bien active de ces fruits, surtout si on les additionne de sucre, il est utile de leur ajouter aussi de la levure ellipsoïdale. Le vin de fraise, moins acide que celui de la framboise, est plus agréable à boire et se conserve bien, quand on le fabrique de manière qu'il contienne environ 16 p. 100 d'alcool. L'eau-de-vie qui en provient en possède le parfum.

2.

Eau-de-vie de miel. — Un horticulteur de Bergerac, M. Gagnière, a écrit au *Journal d'agriculture pratique* pour appeler l'attention sur le parti que l'on pourrait tirer des fruits de toutes sortes, en les convertissant en alcool. On distille avec succès les prunes d'Agen vertes ou sèches, avec ou sans noyaux, les prunes reine-claude vertes, les figues, les pêches, les poires.

M. Gagnaire signale en particulier la distillation du miel. Voici comment cette industrie a pris naissance.

Un propriétaire des environs de Duras (Lot-et-Garonne), dit M. Gagnaire, possédait le long d'un vieux mur une certaine quantité de ruches d'abeilles. Éloigné de tout centre de consommation et ne sachant pas, par conséquent, quel parti tirer de son miel, l'idée lui vint de le conserver dans un tonneau. Mais la fermentation, sur laquelle il ne comptait pas, ayant bientôt fait déborder le miel de la pièce, il fallut s'empresser, au risque de le perdre, de le transvaser dans d'autres tonneaux. Cette fermentation imprévue éveilla cependant l'esprit de notre homme. Le transvasement opéré, il ajouta un peu d'eau dans le but de rendre le miel plus liquide, il agita fortement le mélange, et après avoir fait subir à l'ensemble une fermentation de quelques jours, il distilla ce liquide absolument comme on distille le vin. Et pour éviter que le goût de miel fût trop prononcé, il distilla d'abord à un degré supérieur, pour ramener ensuite son alcool au degré de l'alcool de commerce en ajoutant, à l'alcool obtenu, de l'eau distillée.

60 kilogrammes de miel par pièce de 220 litres ont donné, par la distillation, 40 litres d'eau-de-vie; cette eau-de-vie a été vendue 3 francs le litre, ce qui

représente une somme de 120 francs pour 60 kilogrammes de miel. Les frais sont si minimes qu'ils diminuent bien faiblement les produits obtenus.

On obtient ainsi une eau-de-vie très bonne, incontestablement très saine et bien supérieure à tous les produits souvent frelatés qui circulent dans le commerce.

Sirop de grenadine. — 1° La formule suivante donne un sirop de grenadine très agréable :

Acide citrique, 25 grammes; eau distillée, quantité suffisante pour dissoudre; essence de framboise, 80 gouttes; sirop simple, quantité suffisante pour un litre; liqueur de carmin, quantité suffisante (M. *Henri Chantareau*, pharmacien, à Longueil-Sainte-Marie. Oise .

2° Voici d'autre part la formule que nous a communiqué M. *Sauveur Brunclair*, à Provins :

Acide citrique..............	15 grammes.
Eau	15 —

Faire dissoudre à froid et ajouter :

Sirop de coquelicots........	80 grammes.
Sirop de sucre.............	920 —
Teinture de vanille.........	40 gouttes.

Mêler et filtrer.

3° *Autre recette :*

Tous les sirops sont composés de la façon empirique ci-dessous :

Eau	1 000 partie
Sucre	2 000
Blanc d'œuf................	

Placez le tout dans une chaudière, faites bouillir rapidement, agitez, laissez reposer, enlevez l'écume et filtrez, mettez en bouteilles, bouchez bien et placez en lieu frais.

Maintenant, si vous voulez obtenir un sirop similaire à celui dit de *grenadine*, prenez *un litre* de vrai vinaigre, faites infuser pendant un mois 250 grammes de framboises ou groseilles : pressez le jus et ajoutez eau pour obtenir un litre, pour parfaire la formule ci-dessous :

Soit : Jus........................	1 000	parties.
Sucre........................	2 000	—
Blanc d'œuf...............	1	—

Colorez avec la préparation ci-dessous, qui est complètement inoffensive. Il est bien entendu que l'on ajoutera la quantité nécessaire pour obtenir le ton désiré du sirop.

Eau	1 000	parties.
Cochenille..................	65	—
Crème de tartre...........	15	—
Alcool	1 000	—
Alun	15	—

Préparation : faire bouillir un litre d'eau, y jeter les 65 grammes de cochenille, y verser ensuite les 15 grammes d'alun et les 15 grammes de crème de tartre; laisser refroidir et ajouter l'alcool; filtrer (M. *Duc*, photographe, à Grenoble).

Le guignolet. — Le guignolet n'est pas autre chose qu'un ratafia de merises. On met, par exemple, dans un bocal de verre, 1 kilogramme de merises bien mûres dont on a enlevé les queues et les noyaux; on verse par-dessus 4 litres de bonne eau-de-vie, on bouche aussi hermétiquement que possible. Après cela, on expose le bocal sur une fenêtre au plein soleil du midi et, la chaleur aidant, au bout de quinze jours à un mois, selon la température, l'infusion est suffisante. D'autre part, on aura eu soin de concasser moitié des noyaux et de les mettre aussi à infuser dans un peu d'eau-de-vie et dans les mêmes conditions. On réunit plus tard les deux liqueurs qu'on passe, puis on fait fondre dans très peu d'eau 1 kilogramme de sucre blanc si on veut avoir un guignolet doux, 500 grammes seulement si on le désire plus fort; on ajoute ce sucre fondu à l'infusion et on met en bouteilles en ayant soin de bien boucher. Plus le guignolet est vieux, meilleur il est.

Sirop indien. — Faites dissoudre dans 4 litres d'eau bouillante 2 kilogrammes de sucre blanc : ajoutez-y 50 grammes d'acide citrique.

Laissez refroidir complètement.

Alors ajoutez 6 grammes d'essence de citron et 6 grammes d'esprit-de-vin.

Remuez bien et longtemps afin d'obtenir un mélange parfait, et puis mettez en bouteilles.

Deux cuillerées à bouche de ce sirop dans un verre d'eau gazeuse constituent un breuvage délicieux.

CONSERVATION DES ALIMENTS, LAIT, BEURRE, ETC.

Conservation de la viande. — Voici un procédé qui est, paraît-il, usité dans la Haute-Saône pour conserver la viande pendant les chaleurs de l'été, dans les fermes éloignées ou même dans les villages où le plus souvent les bouchers ne tuent qu'une fois par semaine. Cette méthode consiste à plonger la viande dans de grandes terrines ou dans des pots de grès, placés à la cave ou dans un cellier, et remplis de lait caillé (ou du lait écrémé, qui, dans ces conditions, ne tarde pas à se cailler). Pour forcer la viande à plonger, ce qui est essentiel, on la charge avec des pierres bien propres. La viande se conserve ainsi pendant plus de huit jours, sans prendre le moindre mauvais goût; au moment de s'en servir, on la lave et on l'essuie. Quant au lait caillé, il peut être employé ensuite à la nourriture des porcs.

Conserve de viande pour les troupes en campagne. — Le docteur Port propose une conserve de viande préparée de la façon suivante : on hache la viande crue, on la mêle à de la farine, on ajoute du sel, et l'on fait une pâte que l'on cuit au four jusqu'à dessèchement aussi complet que possible. On obtient ainsi, au bout de deux ou trois heures, une sorte de *biscuit de viande* qui se conserve bien et constitue un aliment très nutritif et qui n'a besoin d'aucun emballage. On divise la masse en portions pour un jour.

100 parties de viande peuvent être incorporées, sans addition d'eau, à 70 parties de farine. Si l'on emploie plus de farine, il est nécessaire d'ajouter un peu d'eau.

Le soldat doit recevoir à part la quantité de graisse dont il a besoin, en proportion variable, suivant le goût de chacun.

L'association du biscuit de viande et de la graisse permet à l'homme de fabriquer trois préparations dont voici la recette et le mode d'emploi :

1° Faire cuire le biscuit de viande dans de la graisse bien chaude pendant trois à quatre minutes ; il se mange alors comme du pain grillé.

2° On verse de l'eau froide sur le biscuit grossièrement concassé et on laisse en contact jusqu'au matin. Les morceaux de biscuit gonflent ; on les dessèche légèrement et on les fait rôtir dans la graisse pendant environ cinq minutes. On obtient ainsi un produit consistant qui peut être transporté par l'homme et consommé dans le courant de la journée.

3° Les biscuits préparés comme dans la première recette sont rompus en morceaux et utilisés sous forme de soupe après cuisson dans l'eau pendant une demi-heure.

Recette pour empêcher le lait de s'aigrir. — Mettre quelques feuilles de raifort sauvage dans la terrine de lait, il conservera en été sa douceur pendant plusieurs jours.

Racahout.

Sucre en poudre...............	250	grammes.
Fécule de pommes de terre....	60	—
Farine de maïs................	60	—
Cacao pulvérisé..............	80	—
Vanille......................	1	—

Pulvérisez la vanille avec une portion de sucre. Mêlez ensuite toutes les poudres. Une cuillerée à bouche par tasse d'eau ou de lait. La vanille n'est pas indispensable (Mme *H. B.*, à Saint-Sauveur).

Une cressonnière artificielle. — Pour établir une cressonnière artificielle, il suffit de ficher en terre des fonds de bouteille de telle manière que les fonds forment une série de godets disposés en quinconce. Dans l'intervalle de ces godets on répand de la terre et on sème du cresson. On arrose tous les jours, et quand le cresson est levé, ses branches vont s'abreuver avec l'eau qui se conserve dans les godets voisins. Pour empêcher qu'on n'arrache le cresson en le cueillant, on couvre la cressonnière d'un treillage en fil de fer galvanisé fixé par ses extrémités et on ne coupe que le cresson qui dépasse.

Il est bon de damer fortement le sol sur lequel on établit la cressonnière, ou d'y étendre une couche de terre glaise, ou mieux, d'y faire un léger béton de chaux hydraulique pour empêcher l'eau de disparaître rapidement par infiltrations.

Les cosses de pois. — Pour donner du goût et de la couleur au bouillon du pot-au-feu, on emploie des pastilles de plusieurs sortes : elles ont généralement pour base l'oignon brûlé et donnent un plus ou moins bon résultat suivant le soin apporté à leur fabrication. On peut utiliser aussi les cosses de pois séchées ; elles donnent un excellent goût au bouillon et ont l'avantage de ne rien coûter du tout, qu'un peu de soin. Tant que dure la saison des pois, on range les cosses vides sur des clayons que l'on met au four pendant douze heures. Le lendemain on met en sac les cosses qui, bien desséchées, ont pris une belle couleur brune; rangées dans un lieu sec, elles peuvent être gardées plusieurs années. On peut faire sécher les cosses dans un four de cuisinière.

Confiture d'oranges. — On commence par râper l'orange pour enlever toute la petite peau supérieure ; on fait alors cuire les oranges entières dans l'eau. On s'aperçoit que les oranges sont cuites quand on peut y enfoncer facilement un petit morceau de bois. A ce moment, on fait un sirop comme pour les autres confitures. On coupe l'orange en quartiers que l'on met dans ce sirop, et on laisse cuire un quart d'heure environ.

Procédé pour reconnaître le vrai beurre du beurre factice. — Ce procédé a été imaginé par MM. Jivon Lockeron et Corlins. On chauffe dans une cuillère à thé un petit morceau de beurre jusqu'à émission de vapeur. On le fait alors couler soigneusement dans un peu d'eau bouillante placée dans un verre de montre. Le beurre pur se répand en fine couche qui se subdivise brusquement en une multitude de gouttelettes se réunissant rapidement aux bords du verre de montre, tandis que la margarine, l'oléomargarine, les huiles végétales, etc., forment une couche graisseuse qui se subdivise en larges gouttes restant dispersées sur l'eau.

L'effet est différent si l'eau est impure ; par exemple, si elle contient du chlorure d'ammonium, le beurre pur donne des gouttes beaucoup plus grosses qui vont très lentement vers les bords, tandis que les gouttes de margarine se formeront rapidement. Des mélanges de beurre avec d'autres graisses se comportent de même, les caractères propres de chaque produit se manifestant suivant les proportions de ces mélanges (M. *A. M.*, à Lille).

LA FERME ET LA CAMPAGNE

LES ANIMAUX.

Moyen d'empêcher les chevaux de taper à l'écurie. — Beaucoup de chevaux, de juments surtout, frappent le long des murs et des stalles, et s'abîment les jambes. Nous avons entendu parler de trois moyens qu'on peut employer pour les guérir.

Le premier consiste à faire faire une courroie rembourrée, que l'on met au-dessus du jarret du cheval; à cette courroie et en dedans de la jambe du cheval, est attachée soit une ficelle, soit une petite courroie de 20 à 25 centimètres de long, supportant un billot rond en bois dur, de 10 à 12 centimètres de diamètre. On met cet appareil à la jambe dont le cheval tape : chaque fois qu'il veut frapper, le billot va tomber sur l'autre jambe et lui fait mal. Souvent on le guérit par ce moyen, mais pas toujours.

On peut mettre encore au paturon du cheval une courroie rembourrée à laquelle tient une chaîne plus ou moins longue. Quand le cheval frappe, il lève cette chaîne avec peine et se fait mal. On peut en mettre aux deux jambes; nous avons complètement guéri un cheval par ce moyen.

On nous a signalé un système que les Anglais emploient; nous ne l'avons pas essayé, mais il nous paraît simple et pratique. On met au cheval un vieux collier auquel, en guise de traits, on a attaché une longe qui va jusqu'à une courroie rembourrée, prenant le paturon du cheval.

Quand il veut taper, il en est empêché par le collier.

Il paraît que ce système n'empêche pas les chevaux de se coucher (*Revue agricole de la région du Nord*).

La charge des chevaux de ferme. — On se fait difficilement une idée du poids de certaines substances, qu'on est cependant habitué à voir transporter à la campagne. Il est intéressant d'avoir à cet égard quelques chiffres moyens : le fumier pèse par mètre cube de 400 à 775 kilogrammes, suivant son état de dessiccation; les boues des rues, de 900 à 1 200 kilogrammes; la marne, de 1 570 à 1 650 kilogrammes; le terreau, de 830 à 860 kilogrammes; la terre de bruyère, de 614 à 643 kilogrammes; la terre argileuse, de 1 600 à 1 750 kilogrammes; le sable, de 1 400 à 1 420 kilogrammes; le gravier, de 1 800 à 1 900 kilogrammes; la houille, de 800 à 870 kilogrammes ; le bois de feu, de 400 à 580 kilogrammes; la pierre à bâtir, de 1 440 à 2 600 kilogrammes; la tourbe, de 450 à 780 kilogrammes; la pierre à plâtre, de 1 900 à 2 300 kilogrammes.

Les poules et la production des œufs. — Tout le monde sait l'importance du commerce des œufs et quelle source de richesse il offre principalement aux cultivateurs et aux petits ménages. Toute tentative faite pour améliorer cette branche de nos produits doit être accueillie avec faveur. Voici comment il faut procéder pour arriver à augmenter du double ou du moins d'un tiers la production des œufs. Chaque année, toutes les poules qui ont dépassé l'âge de quatre ans doivent prendre le chemin de la marmite ou du marché. C'est un point essentiel, et il faut être impitoyable si l'on veut arriver à un bon résultat économique. La poule de trois ans donne le maximum de la production. Dans la quatrième année, elle pond moins, mais les œufs sont plus gros; puis la production va en déclinant chaque année. La poule de cinq ans coûte autant à nourrir que celle de trois ans et produit moins. Il n'y a donc pas lieu d'hésiter, d'autant plus que les jeunes poules pondent à l'arrière-saison ou au commencement de l'année, époque où la valeur des œufs est double, triple de celle du temps ordinaire de la poule. Jamais une vieille poule ne pond l'hiver. Avec des poules de un, deux, trois et quatre ans, bien soignées, bien nourries, on est presque assuré d'avoir toute l'année des œufs frais. A ce système, on gagnera, en outre, de ne plus manger de volailles coriaces, car la poule de quatre ans est encore très bonne (*Gazette agricole*).

Le pigeonnier. — C'est en été que se fait le peuplement du colombier. Cette opération est un des points importants de l'élevage du pigeon, car cet élevage n'est d'un bon rapport que si les hôtes du colombier appartiennent à des races productives. Pour cela, il faut choisir des oiseaux à l'œil vif, au plumage brillant, aux pattes luisantes, aux ailes se repliant vivement quand on les déploie. Mais à quelle race faut-il s'adresser? Laissant de côté le *bizet fuyard*, qui peuplait les anciens pigeonniers de haut vol et qui se fait plutôt le voisin de l'homme que son serviteur, nous donnerons la préférence au *pigeon mondain*, le plus domestique de tous, car il prospère non seulement dans le colombier, mais encore en volière, voire en cage. Il se nourrit de tout ce qu'on veut ou à peu près, n'a plus de caractère à lui, au point d'être incapable de trouver lui-même sa nourriture. Son plumage varie de toutes les nuances possibles, mais, au point de vue de la taille, il fournit trois types distincts : le *gros mondain*, le plus gros, le plus fort, mais le moins fécond ; le *mondain moyen*, l'un des plus communs et des meilleurs ; il peut donner une couvée tous les mois ; le *petit mondain*. Ces trois types de pigeons et leurs variétés, produits de la culture, n'étendent guère leurs ravages au loin. Toutefois, il est nécessaire de les tenir enfermés à l'époque des semailles. Il faut citer encore parmi les variétés recommandables : le *pigeon romain*, varié de couleur, au cou brillant de nuances éclatantes et comme mêlées d'or, aux pieds rouges, aux ongles noirs, très répandu en Italie ; il s'éloigne peu, mange beaucoup, est modérément fécond, mais donne des pigeonneaux d'un bon poids ; les *pigeons pattus*, dont les pieds sont couverts de plumes jusqu'au bout des doigts ; le *pigeon nonnain*, à bec court, orné sur le cou d'une espèce de capuchon. Je citerai enfin, non plus comme pigeons de rapports, mais comme pigeons de luxe : les *pigeons bagadais*, *polonais*, *boulants*, *cavaliers*, *culbutants*, etc., tous susceptibles de vivre en parfaite domesticité, ne s'éloignant guère de l'habitation et se nourrissant du grain qu'on leur donne. Dès qu'on a choisi l'espèce dont on veut peupler le colombier, on doit veiller à ce que les couples soient complets, car un mâle solitaire porterait partout le trouble et empêcherait les couvées de réussir.

Boîte à graine pour pigeonnier. — Avons-nous des pigeons à élever? Si nous habitons la campagne, ils ne nous coûtent pas grand entretien : la *clef des champs* leur suffit; et c'est en plein air, sur les chemins, dans une cour, aux abords d'une ferme, qu'ils trouvent la nourriture dont ils profitent le mieux. Mais si nous habitons la ville, il faut nous résigner à leur procurer, au logis, une large part de la pitance qui leur est nécessaire; dépense assez élevée relativement au produit, surtout quand, au lieu de dix ou douze hôtes reconnus, nous en voyons vingt-cinq ou cinquante venir puiser au grenier tout ce que nous y avons ménagé pour nos chers ramiers. Je veux parler des audacieux moineaux qui guettent le moment où nos pigeons prennent leurs ébats aux environs pour venir, en bande, piller la boîte à graines de notre colombier. Et par quels moyens empêcher ces pillards de dévaliser le grenier? Leur faire la chasse serait une occupation continuelle; les prendre au piège n'est pas permis! Sans les pourchasser ni les détruire, on peut les *attraper*, et le système est simple. J'ignore si le commerce parisien a le monopole de l'objet, toutefois il ne sera pas difficile aux amateurs de le construire ou le faire construire eux-mêmes. Les deux dessins ci-contre (fig. 20) en feront mieux comprendre l'explication. La figure 20, n° 1 nous montre la boîte fermée. Sur un perchoir mobile, coudé en A, et fixé aux deux flancs de la boîte par

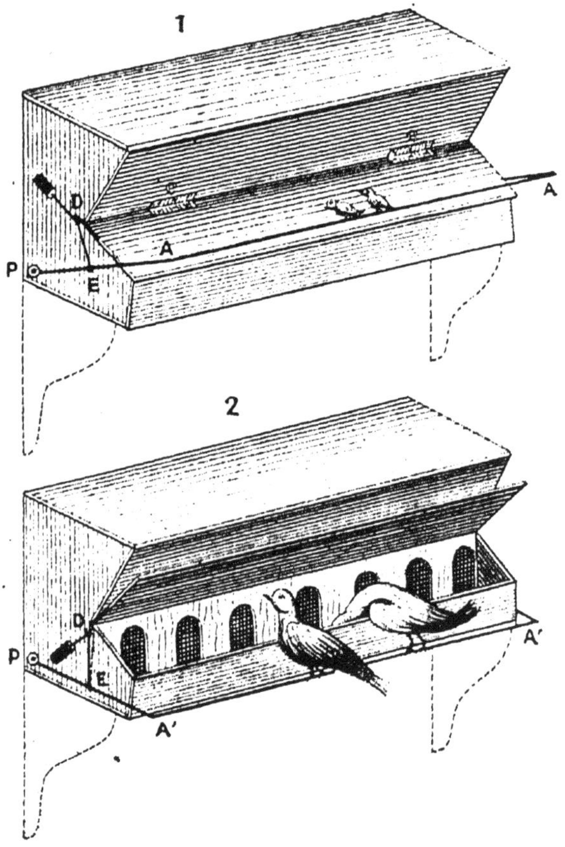

Fig. 20.

un pivot P, on voit quelques moineaux rester cois, ou plutôt s'égosillant devant le couvercle immobile de la boîte à Pandore. Ce couvercle, muni de charnières C,C, ne s'ouvre, dans l'angle dièdre ménagé à cet effet, qu'autant que le contrepoids de l'oiseau sur le perchoir l'emporte sur lui. Et cela, par la simple combinaison de la tige DE reliant le perchoir au couvercle. On le voit, ce mode de fermeture automatique est basé sur la différence de poids entre un pigeon moyen (300 grammes environ) et un vulgaire moineau (à peine 30 grammes). A moins de supercherie de la part de ces derniers, se réunissant par douzaine pour faire échouer notre système, la mangeoire ne s'ouvrira (fig. 20, n° 2) qu'au pigeon à qui nous réservons la graine qu'elle contient. Et les moineaux s'en iront plus loin chercher leur vie dans les jardins que dévastent tant d'insectes nuisibles : un double but utile sera atteint (M. A. *Bergeret*, à Nancy).

Gâteaux pour les bestiaux. — On peut utiliser, pour la nourriture des bestiaux, les grains sortant de chez les brasseurs et les distillateurs. Ces grains sont pris à l'état humide et séchés, par le feu ou la vapeur, dans des fours ou dans des cylindres. Quands ils sont secs, on les réduit en farine dure que l'on passe à la vapeur. Cette farine est mise sous forme de gâteaux au moyen de la presse hydraulique. On peut y ajouter des racines préparées, des farines végétales, de la paille ou du foin haché. Ces gâteaux se préparent comme le gâteau de lin du commerce et se distribuent de la même manière aux bestiaux. Jusqu'à présent les déchets de grains de brasseurs avaient été considérés comme sans valeur, mais, par des analyses chimiques, il a été prouvé que, préparés comme nous venons de l'indiquer, ils possèdent des qualités très nutritives et peuvent se conserver fort longtemps.

Manière d'attirer les hirondelles. — Pour attirer les hirondelles, on se sert de bouteilles en grès ou en terre cuite au ventre assez gros et au goulot assez large. Ces bouteilles sont fixées horizontalement par leur fond au mur de la maison. Au bout de quelques jours les hirondelles viennent habiter ces nids d'un nouveau genre (M. *Marcel Toussaint*, au Havre).

LES PLANTES.

Une tonnelle en ficelles. — Voici un procédé pour confectionner une tonnelle. Nous en empruntons la description à un journal américain, le *Saint-Nicholas Magazine.*

Vous choisissez un arbre aux branches d'un accès facile et se dirigeant dans plusieurs sens. Elles vous fourniront, comme on le voit sur la figure 21, trois points principaux, par exemple, qui formeront le sommet du bosquet qu'il s'agit d'exécuter avec une pelote de ficelle.

De deux sommets, vous laissez pendre un fil à plomb qui vous donnera le centre de deux cercles à tracer de la grandeur voulue. Vous tracez sur les circonférences de ces cercles un certain nombre de points équidistants assez rapprochés, en laissant des espaces libres pour la porte d'entrée de la tonnelle et pour les passages intérieurs de communication. A chaque point on plante un petit piquet de bois qui sert d'attache à des cordelettes fixées d'autre part au point central supérieur. On obtient ainsi des cônes de ficelles ; ce sont les pavillons principaux du bosquet.

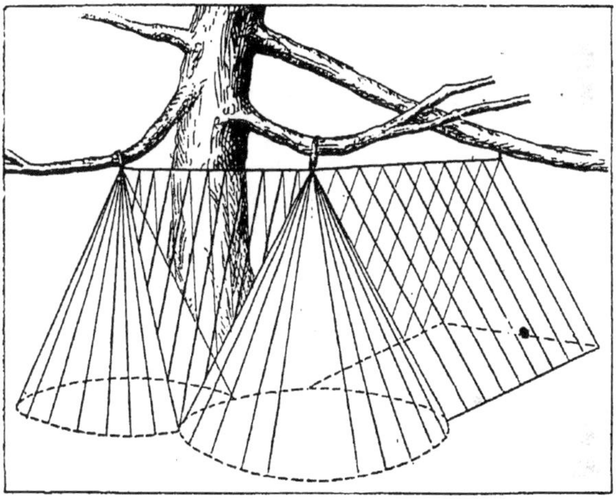

Fig. 21.

La maison de ficelles est presque formée de la même manière, et si vous réunissez les trois sommets à l'aide d'une corde bien tendue que vous aurez soin de diviser aussi en parties égales, vous achèverez votre construction en tendant encore des cordelettes jusqu'à terre, comme cela a été fait pour les cônes. Ce travail fait, on choisit des graines de plantes grimpantes ou des boutures déjà formées, de gobéas, capucines, volubilis, pois de senteur, haricots d'Espagne, etc. ; on les plante régulièrement en bordure tout autour des piquets de bois. Il faut surveiller

Fig. 22.

la plantation, arroser de temps en temps, puis diriger un peu plus tard les premières pousses le long des cordelettes (fig. 22).

Autre procédé. — Pour obtenir une tonnelle en un endroit quelconque, il suffit de planter trois grands piquets sur une circonférence tracée sur le sol, de les rejoindre en haut pour former le sommet d'un cône, et de confectionner ensuite la tonnelle, comme nous l'avons indiqué. On peut même obtenir une tonnelle *mobile* ou *roulante* en disposant le tout sur un cercle plat posé sur trois ou quatre roulettes.

Application du sulfate de cuivre aux arbres fruitiers. — Tous les ans, vers les mois de février et de mars, alors que les boutons à fruit commencent à grossir sur les arbres fruitiers, à quelque espèce qu'ils appartiennent, des oiseaux (les bouvreuils et les mésanges notamment) s'abattent dans les jardins de notre contrée et vident ces boutons au point de compromettre la récolte des fruits dans une forte proportion. Ayant eu recours sans le moindre succès à divers moyens pour me mettre à l'abri de ces maraudeurs, j'ai eu l'idée, l'année dernière, de couvrir entièrement mes arbres, surtout les bambourdes à fruit, de la bouillie suivante :

2 kilogrammes de chaux éteinte dans 4 litres d'eau; sulfate de cuivre, 1 kilogramme, à dissoudre à chaud dans 42 litres d'eau. Mélanger les deux, chaux et sulfate; ajouter ensuite de l'argile pour donner de la consistance et 500 grammes de suie. Je me basais sur ce que le sulfate de cuivre étant un poison, l'instinct des oiseaux les en éloignerait. Quelle qu'en soit la cause, le résultat a été bon, car, sur tous mes arbres ainsi enduits, aucun bouton n'a

été endommagé et la floraison s'est faite d'une manière normale.

Cette bouillie, ainsi que je l'ai constaté, a encore l'avantage de détruire les insectes qui hivernent sous les écorces, et de combattre la tavelure des fruits. Contre un autre ennemi de mes jardins j'ai encore employé la bouillie dont j'ai donné la formule plus haut, ajoute M. Magny, en augmentant un peu la proportion de sulfate de cuivre. Tous les horticulteurs connaissent le goût très prononcé des limaçons pour les brugnons; depuis bien des années, j'avais presque renoncé à en récolter malgré la chasse matinale faite à leurs visiteurs. Me basant encore sur la propriété toxique du sulfate de cuivre, j'ai enduit tous les murs de mes espaliers, le tronc des arbres, ainsi que toutes les branches avec la bouillie, et j'ai eu la satisfaction de cueillir une pleine récolte de brugnons parfaitement indemnes (*M. Magny*, président de la *Société d'horticulture de Coutances*).

Utilisation des jus de tabac pour l'agriculture. — La direction générale des manufactures de l'État a fait paraître une intéressante notice sur les jus de tabac. Nous y relevons les renseignements suivants : Les jus provenant du lavage et de la macération des tabacs sont utilisés avec succès pour la destruction des insectes nuisibles aux végétaux. L'emploi peut en être fait, soit par « arrosages » directs, soit sous forme de « fumigation ». On arrose les plantes avec des jus très faibles, marquant de 1/2 à 1 degré Baumé au maximum. Ainsi le jus à 12 degrés et demi que les manufactures livrent le plus souvent doit être étendu de quinze à vingt fois son volume d'eau. Il est recommandé de procéder aux arrosages de préférence dans la soirée et non pendant la forte chaleur du jour, et de laver les plantes le lendemain par un arrosage à l'eau pure. Pour la fumigation, qui est applicable seulement « dans les serres », on fait usage de jus concentrés. On en projette une certaine quantité sur des briques ou mieux sur des plaques de fonte ou de fer préalablement chauffées à une forte température. Il se produit immédiatement dans la serre une épaisse fumée à laquelle les insectes sont extrêmement sensibles. Les jus de tabac sont également employés avec non moins de succès, pour le traitement de certaines maladies des bestiaux de la race ovine. Les jus de tabacs sont livrés aux particuliers, soit à l'état pur, soit dénaturés au moyen du goudron de bois de Norwège : les deux espèces peuvent être indifféremment employées pour tous les usages. Les prix en sont fixés à raison de 3 ou 4 centimes par litre par degré, suivant qu'il s'agit de jus purs ou dénaturés. Les jus faibles doivent être employés de suite ; ceux marquant 12 degrés ou plus sont seuls susceptibles de se conserver indéfiniment, à condition d'être renfermés dans des récipients bien bouchés.

L'anneau blaisois. — Les anneaux scellés dans les murs des écuries et des auberges sont destinés à attacher par la bride les chevaux qu'on veut panser ou abandonner quelques instants. Avec leur disposition habituelle, on est obligé de faire à la bride un nœud qui a le triple inconvénient d'abîmer le cuir, d'être assez long à faire et de se défaire très souvent par suite des efforts de l'animal. Dans le Blaisois, où l'on monte beaucoup à cheval, on a trouvé le moyen de se passer de nœud.

Ce moyen consiste simplement à ajouter un crochet à l'anneau, comme l'indique la figure 23. Quand on veut attacher la bride, on l'enfile d'abord dans

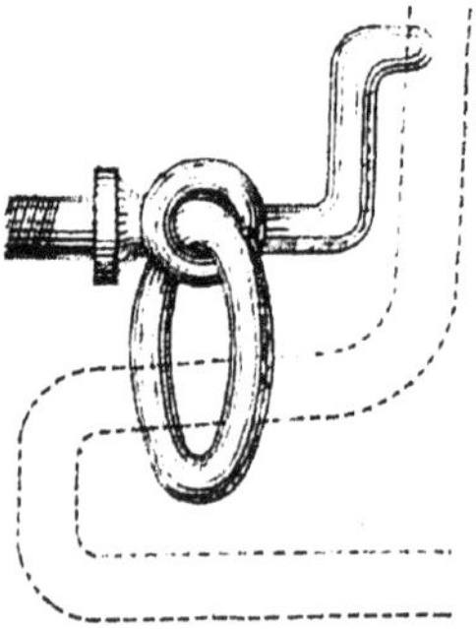

Fig. 23.

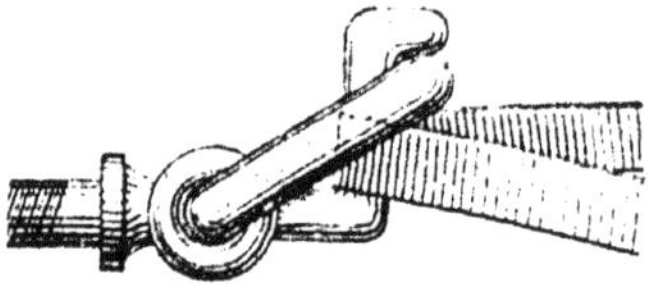

Fig. 24.

l'anneau, puis on la ramène de manière à passer sur la tête du crochet de telle sorte qu'elle finit par se trouver dans la position qu'indique la figure 24. On voit que l'anneau arc-bouté contre l'arrêt qui termine le crochet empêche la bride de sortir, à moins qu'on ne lui fasse parcourir en sens inverse toutes les phases de l'opération susindiquée, ce qui est évidemment au-dessus des moyens du prisonnier; de plus, la bride s'appliquant à plat contre le crochet, ne se froisse pas.

Serre-faix dauphinois et arrêt de persienne. — Quand on a à serrer un faisceau élastique tel qu'un fagot de bois, une botte de paille, une charge

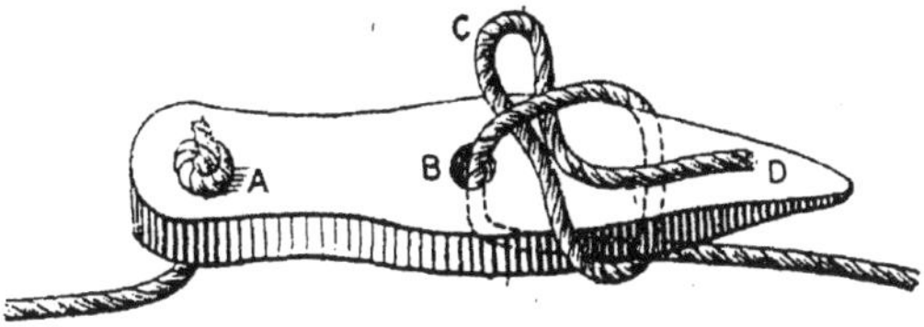

Fig. 25.

de foin, etc., on se borne presque partout à faire, à l'une des extrémités d'une corde, une boucle dans laquelle on fait passer l'autre extrémité que l'on tire ensuite dans le sens convenable. Ce qui est difficile, c'est d'arrêter la corde, lorsqu'on est arrivé au degré de compression désiré, de manière à le conserver, et à pouvoir ensuite aisément relâcher la corde quand cela est nécessaire. Ici encore les nœuds ne remplissent qu'imparfaitement le but que l'on se propose.

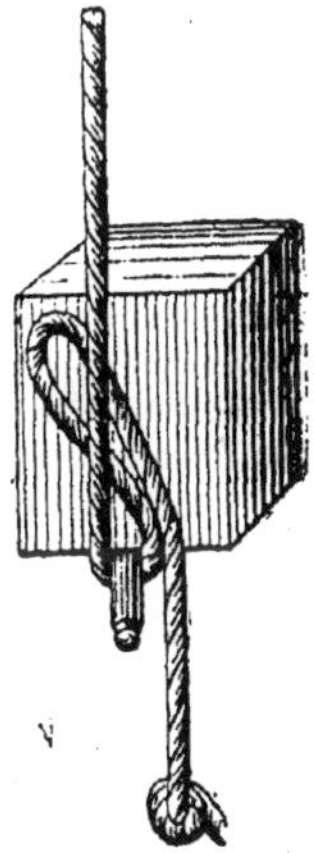

Fig. 26.

En Dauphiné, les paysans taillent eux-mêmes de petits instruments de bois dont la figure 25 donne une idée. C'est une espèce de navette percée de deux trous A et B. Dans le trou A on enfile l'un des bouts de la corde et on l'arrête à l'aide d'un nœud : la corde ayant embrassé le faisceau, l'autre bout est engagé dans le trou B. On serre alors autant qu'on le veut, puis on arrête la corde au moyen de deux boucles, l'une embrassant la pointe de la navette, l'autre passant sur l'un des côtés de la première.

Il est facile de se rendre compte que plus la corde sera tendue par l'élasticité du faisceau, plus la boucle C sera serrée contre le corps de la navette et par suite plus la fermeture sera solide. Quand on veut défaire le paquet, il suffit de tirer D, le bout et alors la corde se desserre toute seule.

Ce mode d'arrêt est analogue à celui que l'on emploie souvent pour les cordes des persiennes et qui est indiqué dans la figure 26 (M. *A. de R.*).

Greffage des églantiers. — On ne doit jamais rogner les branches des églantiers qu'on vient de greffer. C'est une opération qui ne vaut rien. Elle appauvrit le sujet et ne fortifie pas le greffon, au contraire. Quand par hasard les branches des églantiers se développent au début de la végétation avec une vigueur extraordinaire, on peut, quand elles ont atteint 50 centimètres, en pincer l'extrémité. Avant la greffe, ce pincement ne porte pas tort au sujet et fait refluer la sève à la base, à l'endroit même où doit être posé l'écusson, et maintient cet endroit en état d'être greffé pendant un temps beaucoup plus long que si l'on n'a point fait de pincement. Le pincement pratiqué à ce moment, fait également développer plusieurs branches plus faibles et, par conséquent, moins embarrassantes que la branche unique qu'on a pincée. Quand l'écusson a été posé sur le sujet, il faut éviter tout pincement. Si par hasard l'écusson poussait dans le cours de l'année, cela ne doit rien changer à la chose. On le laisse développer en même temps que l'églantier, voilà tout. Mais pour avoir des rosiers vigoureux, il faut éviter de rogner les branches sur lesquelles on a posé les écussons.

Tuteur franc-comtois. — Les tuteurs généralement employés pour les plantes dont la tige est faible

Fig. 27.

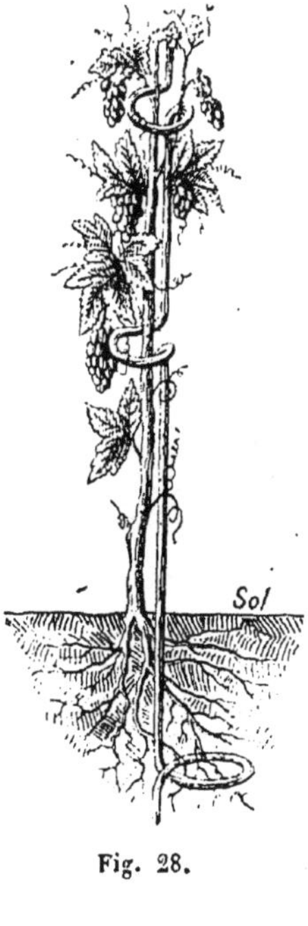

Fig. 28.

par rapport aux fruits qu'elles doivent supporter sont de simples tiges de bois qui se pourrissent facilement et ont de plus le grave défaut de ne remplir leur office qu'à l'aide de liens qui les relient à la plante et endommageant plus ou moins l'écorce de celle-ci. En Franche-Comté on remplace ces pieux primitifs par de gros fils de fer présentant un nombre plus ou moins considérable d'hélices plates comme on le voit dans les figures 27 et 28, dont la première représente un fraisier et la seconde une vigne. Quand la plante à soutenir doit s'élever à une certaine hauteur, il faut qu'il y ait une hélice enterrée. Cette hélice se trouve bientôt scellée dans le sol par les racines elles-mêmes. On comprend que les fruits ainsi suspendus et préservés du contact de la terre sont dans d'excellentes conditions pour être bien aérés et exposés au soleil (M. A. R.).

Moyen de prolonger la durée des fleurs. — On a remarqué que les fleurs qui ne donnent pas de graines durent plus longtemps que celles qui en donnent. Les fleurs tout à fait doubles se flétrissent moins vite que les fleurs simples et semi-doubles; les fleurs qui ne sont pas fécondées ont plus de durée que celles qui l'ont été. Il résulte de ces observations, qui sont d'une exactitude parfaite et que chacun peut vérifier, qu'on peut allonger de quelques jours la durée de certaines fleurs en empêchant la fécondation. Or, le moyen de l'empêcher est très facile. Il suffit de prendre de petits ciseaux et de couper une partie du pistil. Cela peut s'exécuter très vite et rendre service à des jardiniers de profession ou à des amateurs qui, en vue d'une fête ou d'une exposition, peuvent avoir intérêt à prolonger de quelques jours la floraison d'une plante. Voici l'explication de ce résultat. Quand il y a fécondation, la sève est appelée sur les jeunes fruits ou les jeunes graines, afin de les nourrir et de les développer. La fleur en pâtit, se flétrit et meurt vite. Quand, au contraire, il n'y a ni fruits ni graines à nourrir, la sève continue d'aller vers la fleur et en augmente la durée.

Étiquettes de jardin. — L'étiquette est découpée de la forme préférée dans une feuille de celluloïd, et on écrit au moyen d'une plume ordinaire en se servant de l'encre dont voici la formule :

Tannin pulvérisé...............	15	grammes.
Perchlorure de fer sec.........	10	—
Acétone........................	100	—

On dissout séparément le tannin et le perchlorure de fer dans la moitié de l'acétone et on mélange.

Le celluloïd se trouvant dans le commerce en feuilles de toutes couleurs, on peut avoir des étiquettes de nuances variées, ce qui peut offrir un certain intérêt dans quelques cas particuliers (jardins botaniques par exemple) (M. *Chicandard*, pharmacien, à Paris).

DIVERS.

Conservation des pieux. — Voici une méthode pour conserver les piquets destinés aux parcs à bestiaux, et quelle que soit l'espèce de bois.

Une fois le piquet apointi, on le calcine, ensuite on

le chauffe à l'étouffée, dans des balles de froment ou avoine; pendant ce temps on fait bouillir du coaltar (goudron de gaz) dans lequel on met 3 p. 100 de chaux vive; cette chaux modère la fluidité du goudron pendant les temps chauds, et forme comme une espèce de glacis sur le bois, qui contribue à les conserver; ce goudron est étalé chaud sur les piquets chauffés eux-mêmes, comme je l'ai dit précédemment; une fois séchés et mis en place, il faut avoir soin de les couper en biseau de manière à éviter le séjour de l'eau; naturellement ne pas oublier de goudronner cette section (M. *Jean Gaudet*, ferme du Gourd).

Moyen de rendre le fumier inodore. — Pendant les chaleurs de l'été, l'air des étables est infecté par les vapeurs ammoniacales qui se dégagent du fumier et lui enlèvent son principal élément de fertilité, l'azote. Le fumier qu'on laisse à l'air libre perd également une partie des sels azotés qu'il contient. On estime que cette perte correspond, pour une tête de bétail et pendant une année, à 100 kilogrammes de nitrate de soude qui valent de 25 à 30 francs. Le sulfate de chaux ou plâtre absorbe 60 p. 100 du carbonate d'ammoniaque dégagé par le fumier. Cette matière a encore l'énorme avantage, au point de vue de l'hygiène, de rendre le fumier à peu près inodore, même pendant les plus fortes chaleurs. On a de plus observé que, dans les fumiers traités de cette façon, les sels ammoniacaux se transformaient en acide nitrique, forme sous laquelle l'azote est assimilé par les plantes. Les cultivateurs feront donc bien de saupoudrer leurs fumiers avec du sulfate de chaux, car c'est le moyen le plus efficace de les rendre inodores et d'élever à son maximum leur teneur en azote et en azote assimilable.

Destruction des mauvaises herbes. — Faire bouillir dans une chaudière de fer 120 litres d'eau dans laquelle on mettra 12 kilogrammes de chaux, 2 kilogrammes de soufre en poudre. On agitera le mélange et on laissera reposer. On versera tout le liquide dans une égale quantité d'eau pure, et par un jour où il ne tombera pas de pluie, on répandra le tout à l'aide d'un arrosoir. On détruira ainsi les mauvaises herbes pour plusieurs années.

Conservation des peaux de lapin. — Pour dépouiller le lapin, deux modes se présentent. Le premier consiste à fendre la peau dans le but de l'obtenir étendue et la plus carrée possible. L'animal doit être fixé sur le dos, les quatre pattes renversées, droites et imitant une double croix. Une première incision transversale se pratique derrière les jarrets, en suivant une ligne droite passant directement sur l'anus. L'incision du devant passe sous les genoux et va en ligne droite traversant sur la poitrine. Enfin, une incision longitudinale suit le milieu du ventre et va se terminer vers la lèvre inférieure. Une peau ainsi enlevée et mégissée a un tiers de valeur de plus. Par sa coupe, il y a peu ou point de pertès. Le deuxième mode consiste à dépouiller le lapin en fourreau, c'est-à-dire à ne pratiquer qu'une seule incision sur le derrière et à rabattre la peau jusqu'au bout du nez. On doit laisser les quatre pattes depuis les jarrets et les genoux. L'ouverture doit être très restreinte. Il y a plusieurs manières de conserver les peaux, suivant la nature, la valeur et le but qu'on se propose. Les peaux communes sont les seules auxquelles on doit conserver les pattes. Aussitôt enlevées, on les empaille pour hâter la dessiccation, et si c'est en été, on lave le côté de la chair avec de l'eau fortement salée. Les peaux brutes destinées à être vendues aux pelletiers sont traitées différemment. Ce sont les peaux carrées. La méthode consiste à tendre la peau sur une planche et à la clouer par les bords dans le but d'en obtenir la dessiccation sans plis et sans déranger la direction naturelle des poils, chose importante pour les pelletiers, les poils d'une peau desséchée étant très difficiles à ramener dans leur direction naturelle. Pour éviter la putréfaction ou la chute des poils, on fait usage de la solution suivante : Dans un litre d'eau chaude, faites dissoudre 60 grammes d'alun du commerce et 30 grammes de sel de cuisine. L'eau refroidie se conserve dans une bouteille pour l'usage. Lavez avec ce liquide, au moyen d'un pinceau, la face charnue de la peau, deux fois en été, une fois en hiver. Bien desséchées, on empile les peaux, poils contre poils (*Connaissances pratiques*).

Conservation des bâches et cordages. — M. Auguste Herbet, ingénieur des arts et manufactures, a donné à ce sujet des renseignements qu'il nous paraît intéressant de reproduire :

« On a signalé récemment dans la presse technique le procédé de conservation des toiles, bâches et cordages, par immersion dans un bain de sulfate de cuivre. Il est un autre procédé bien préférable, qui consiste à traiter les fibres végétales ou les tissus par la liqueur cupro-ammoniacale, seul dissolvant de la cellulose. Cette liqueur bleue, connue sous le nom de réactif de Schweitzer, s'obtient, je le rappelle pour mémoire, en faisant passer à plusieurs reprises de l'ammoniaque sur de la tournure de cuivre. Le sulfate de cuivre n'a pas donné des résultats bien merveilleux, mais il est clair que sa présence dans un tissu le protège pendant quelque temps. La liqueur cupro-ammoniacale modifie l'état des fibres; on conduit l'opération de manière qu'il n'y ait pas de dissolution. Les fibres deviennent imperméables et imputrescibles; la réunion de plusieurs fibres est imperméable pourvu qu'elles soient assez serrées, leur résistance n'est pas altérée. On peut d'ailleurs traiter les papiers et les cartons de la même manière et les rendre imperméables et imputrescibles. Ce procédé, en usage depuis une dizaine d'années en Angleterre, y a donné d'excellents résultats. »

Baromètre des jardins. — Ce baromètre n'est autre qu'une toile d'araignée. Lorsqu'il doit faire de la pluie ou du vent, l'araignée raccourcit beaucoup les derniers fils auxquels sa toile est suspendue, et la laisse en cet état tant que le temps reste variable. Si l'insecte allonge ses fils, c'est signe de temps beau et calme, et l'on peut juger de sa durée d'après le degré de longueur de ces mêmes fils. Si l'araignée reste inerte, c'est signe de pluie. Si, au contraire, elle se remet au travail pendant la pluie, c'est que celle-ci sera de peu de durée et suivie du beau temps fixe. D'autres observations ont appris que l'araignée fait des changements à sa toile toutes les vingt-quatre heures, et que si ces changements se font le soir, un peu avant le coucher du soleil, la nuit sera belle et claire.

Moyens de conserver les vêtements de laine sans communiquer de mauvaise odeur à ces vêtements. — On peut d'abord se servir d'un mélange de plantes aromatiques qui ne laissent qu'une faible odeur qui disparaît bien vite à l'air. Les principales plantes employées sont le *romarin*, l'*hysope*, la *marjolaine*, la *lavande*. Mais on peut aussi faire une teinture ainsi composée :

Alcool à 80°.......................	8 grammes.
Coloquinte broyée...............	1 —

Laisser en contact pendant huit jours, passer et filtrer.

On arrose avec cette teinture les vêtements qu'on veut conserver, et on roule ensuite ceux-ci fortement dans un linge épais.

Cette manière d'opérer donne, paraît-il, d'excellents résultats; c'est d'ailleurs un des procédés employés en Russie pour la conservation si difficile des étoffes.

Confection d'un menu champêtre. — Il existe un moyen très facile d'orner des menus à la campagne. On découpe un morceau de papier blanc assez fort en forme de palette de peintre de grandeur convenable. Ensuite on choisit des feuilles d'arbre depuis le vert tendre jusqu'au jaune brun. On taille dedans des ovales imitant les couleurs que le peintre dispose sur sa palette, on les range par teintes décroissantes tout autour de la palette et on les colle. On obtient ainsi de charmants menus, d'un effet pittoresque. On peut encore remplacer les feuilles par de petites gerbes fines et des fleurettes de toute espèce : alors il est plus facile de coudre les plantes que de les coller (M. X., au château de Beaufort).

Cirage liquide ne moisissant pas. — Former les deux mélanges suivants :

1°	Charbon d'os	120	parties.
	Huile d'olive	30	—
	Sirop	60	—
	Acide sulfurique	30	—
2°	Gomme arabique	30	—
	Sucre de raisin	30	—
	Eau	500	—

La masse 2 est malaxée à une chaleur modérée; la solution terminée, on la mêle à la masse 1 préalablement formée en joignant les matières dans l'ordre indiqué. On ne joint la masse 2 que peu à peu. Quand on a obtenu un produit bien homogène, on le met en bouteilles. Il est bon d'y joindre quelques gouttes d'acide phénique afin d'assurer plus longtemps sa conservation. Ce cirage donne de bons résultats et offre un excellent aspect.

Utilisation des résidus des fruits. — On sait que, chaque année, on perd une grande quantité de résidus provenant de la fabrication des gelées de fruits, tels que groseilles, framboises, etc. M. Michaelis a imaginé différentes façons d'utiliser ces résidus. En premier lieu, il s'en sert pour fabriquer une espèce de vin. Pour cela, on remplit des cuves d'eau contenant une certaine quantité de sucre en dissolution et on y fait macérer les résidus de fruits, peaux de groseilles, etc. Pour empêcher les peaux de surnager, on les retient sous l'eau par un moyen quelconque, par exemple avec un treillis en osier. Cette opération doit avoir lieu immédiatement avec des résidus frais. Si cependant on veut assurer la conservation de ces derniers et les rendre transportables, on pourra les mettre dans des fûts bien remplis en ajoutant une dissolution saccharine ou alcoolique assez riche en sucre ou en alcool pour empêcher la fermentation. Une addition de coings découpés ou de jus de coing prête au vin de groseilles ou de framboises un arome particulier. On peut remplacer avantageusement l'eau sucrée, en tout ou en partie, par du moût de poires, qui est d'une grande richesse saccharine. Les résidus en question peuvent servir à la fabrication du vinaigre. On peut employer pour cela différents procédés. En premier lieu, le vin obtenu d'après le procédé qui vient d'être expliqué peut être transformé en vinaigre, avec ou sans addition d'alcool, dans des cuves tournantes. On peut aussi faire macérer dans l'eau les résidus frais, ou ayant déjà servi à la fabrication du vin, et se servir du liquide ainsi obtenu, après addition d'alcool, pour la fabrication du vinaigre. Les résidus peuvent aussi être utilisés comme ferment dans la fabrication du vinaigre. On peut en extraire un ferment aussi concentré que possible. Lorsque ce ferment n'est pas employé immédiatement, on le conserve en l'alcoolisant. Au lieu de commencer par faire macérer les résidus dans l'eau, on peut les traiter d'abord par l'alcool plus ou moins concentré et étendre d'eau le liquide soutiré, pour la fabrication du vinaigre. On recommence l'opération jusqu'à épuisement complet des résidus. Les résidus étant épuisés, on les soumet à un lavage pour n'y pas laisser d'alcool, et l'eau de lavage peut servir pour commencer à traiter de nouveaux résidus.

Pierre d'émeri à repasser. — Voici une recette pour fabriquer la pierre d'émeri pour repasser les outils tranchants;

Émeri	100	grammes.
Gomme laque	25	—
Résine	10	—

Faire fondre ensemble la gomme laque et la résine dans un récipient de fer, sur un feu doux, ajouter l'émeri, bien mélanger et mouler la pâte chaude encore dans un moule en fer graissé. Quand la pierre est refroidie, la décaper dans une dissolution de potasse chaude (M. *Peschard*, à Vincennes).

La propreté des éviers. — Une des causes les plus ordinaires de ces odeurs nauséabondes, et souvent nocives, qui s'exhalent des éviers de cuisine, c'est la présence sur ces éviers, et dans leurs débouchés, de graisses en décomposition. Ces graisses proviennent des résidus graisseux des restes de plats, de l'eau de vaisselle, etc. La graisse se loge dans chaque petit trou de l'évier, et en obstrue facilement l'entrée. Comment prévoir ces inconvénients, voire même ces dangers?

Le remède facile, et tout naturel, consiste dans l'emploi pur et simple des matières alcalines les plus communes, l'ammoniaque, la soude qui, versées sur l'évier après leur utilisation pour les divers usages domestiques, neutralisent les effets de la graisse en décomposition et entraînent avec eux ces résidus.

Autre moyen d'enlever l'odeur des éviers. — Ayant mon laboratoire tout près de la cuisine, je déverse depuis longtemps dans l'évier toutes les eaux de lavage et les résidus des développements (*oxalate de fer*, *soudes*, etc., etc.). Depuis lors, mon évier ne répand plus de mauvaises odeurs et j'ai eu la satisfaction, non moins grande, de voir disparaître tous les cafards qui y pullulaient et dont je ne savais comment me débarrasser (M. *Chabanon*, à Ganges).

Manière de vider les courges. — Pour vider les courges bouteilles, il faut attendre qu'elles soient parfaitement sèches, ce qui arrive quand elles rendent le son du bois creux. Alors on prend un fer pointu de la grandeur du trou que l'on veut obtenir et on le fait rougir au feu. On le fait ensuite entrer dans la courge peu à peu en le tournant et retournant souvent. Quand l'orifice est pratiqué, on fait sortir très facilement les pepins et matières desséchées en secouant la courge. Ensuite on la lave soigneusement avec du vin chaud si l'on veut s'en servir pour du vin. Si c'est pour d'autre usage de l'eau chaude suffit (M. *Luigi Krauss*).

DESTRUCTION DES ANIMAUX NUISIBLES

LOUTRES. — RENARDS. — CORBEAUX. VIPÈRES.

Destruction des loutres. — La loutre peut se détruire par la chasse. Il faut des chiens habitués à aller à l'eau, barbets notamment. La loutre se quête parfois *à la billebaude*. On la rencontre en fouillant dans le creux des arches qui sont le long de l'eau; on la tue à coups de fusil. Il y a en outre des pièges à loutre, nommés *nasses;* on les met dans l'eau avec du poisson qui sert d'appât.

Fusées asphyxiantes pour terriers de renards et autres. — Voici la composition de ces fusées : Salpêtre, 100 grammes; soufre, 120; réalgar, 35; charbon fin, 10; noir de fumée, 6.

Chargée à l'entonnoir dans des cartouches de fusées étranglées au tiers, cette composition brûle lentement sans flamme et répand d'abondantes vapeurs sulfureuses et arsenicales très délétères. Les petites cartouches de $0^{m},006$ réussissent très bien contre les taupes et les campagnols dans les jardins. Comme la composition est très lente, les fusées doivent être bien amorcées (M. *H. Scherdlin*, artificier, à Strasbourg).

Destruction des corbeaux. — Pour la destruction des corbeaux, voici ce qu'on faisait aux environs d'Étampes, il y a quelques années : les propriétaires de parcs envahis par les corbeaux autorisaient chaque année les voisins à venir tirer des coups de fusil dans les nids, le dimanche et le lundi de la Pentecôte et un ou deux autres dimanches. A cette époque, les petits sont déjà gros, mais ne volent pas encore. On en faisait de véritables hécatombes, et nombre de chasseurs mangeaient les jeunes en guise de pigeons. J'en ai moi-même mangé deux fois et je trouve que le goût en est très contestable. Mais, cuisine à part, on arrivait ainsi en quelques années à en diminuer un peu le nombre. Il n'y paraît plus maintenant : les propriétaires actuels ont interdit cette chasse et le repeuplement s'est vite opéré (M. *Ch. Ruelle*, à Paris).

Destruction des vipères. — Pour détruire les vipères, il suffit de peupler de hérissons les lieux habités par ces reptiles. Ces petits quadrupèdes leur font une chasse acharnée. A l'époque de la fenaison, on trouve souvent des nichées de hérissons. On les transporte là où il y a des vipères (M. *Arthur Batut*, à Enlaure).

INSECTES. — VERS, ETC.

Destruction des fourmis. — Notre ville est infectée par quartiers, et successivement, de petites fourmis rouges, imperceptibles, dont le nombre est inouï. Elles avaient élu domicile chez moi, dans une armoire de salle à manger où l'on renfermait les restes des repas. Il y a deux ou trois ans, j'essayai le système suivant ; de l'eau mélangée de miel était placée dans une tasse à thé touchant au mur. Voici ce que j'obtins : les premières fourmis tombées gagnaient, je ne sais par quel phénomène, le centre de la tasse et s'y maintenaient en une masse noire qui s'augmentait toujours, toujours surnageant. Jusqu'ici tout allait bien, j'en prenais des quantités considérables. Mais si, par malheur, on laissait accroître la masse des insectes, de façon à ce que l'une d'elles arrivât à toucher à la fois la boule de fourmis et le bord, toutes les fourmis *s'en allaient*, passant sur celles qui faisaient le pont, et une heure après, il ne restait plus aucune fourmi dans la tasse, pas même quelques cadavres. Je laissais, à onze heures du soir, ma tasse en bon fonctionnement, avec de nombreuses prises; le lendemain matin, à six heures, plus rien! L'expérience fut faite *très souvent;* de guerre lasse, j'abandonnai le miel (qui d'ailleurs les attire) et je répandis sur les étagères une mince couche de cendre tamisée (qui les éloigne) et je réussis de la sorte à me préserver de ces hôtes incommodes qui, depuis, ont changé de quartier (M. *H. Blanchet*, à Grenoble).

Contre l'invasion des fourmis. — Notre cuisine était absolument envahie par les fourmis. Nous avons émietté du borax, en le mélangeant de sucre en poudre, et on en a mis, pendant quelques jours, partout où les fourmis se montraient. Celles-ci ont disparu et ne sont pas revenues, depuis plus de trois années (M. *F. F.*, à Paris).

Destruction des charançons dans les greniers. — Les plantes à odeur forte : tanaisie, absinthe, menthe, etc., mises en petites bottes dans les tas de blé, ont la propriété d'éloigner les charançons. La farine de haricots semée sur le tas de blé qu'on a soin de pelleter ensuite est encore un bon procédé. On peut aussi enduire les murs avec du goudron chaud additionné de résine. On peut encore employer le moyen de destruction suivant : On remplit un grand chaudron de feuilles de persicaire, on met sur les feuilles 750 grammes de sel marin, deux ou trois gousses d'ail et environ un bon seau d'eau. On fait bouillir le tout ensemble et on arrose avec cette décoction le plancher du grenier, les murs et les tas de blé sans les remuer. Cette aspersion, dit-on, est à peine faite que le charançon quitte avec précipitation les tas de blé, et lorsqu'il passe sur les endroits arrosés, il périt en devenant rouge comme une écrevisse cuite. Mais le sulfure de carbone est encore l'insecticide le plus énergique et le plus expéditif qu'on puisse employer. On répand sur le plancher du grenier, à l'endroit que le blé devra occuper, un litre de ce produit, on jette le blé sur cet emplacement, on couvre le tas avec des bâches ou des draps, et les charançons disparaissent vite. Le blé soumis à ce traitement et vanné ensuite, ne conserve aucune odeur. Il est seulement une recommandation expresse à faire quand on emploie cet insecticide : il ne faut pas permettre aux ouvriers de fumer pendant l'opération et, à plus forte raison, on devra défendre d'entrer dans le grenier avec une lampe ou une lanterne.

Destruction des chenilles par le soufre. — M. de Chasteigner nous a indiqué un moyen sûr et facile qui, depuis des années, lui réussit infailliblement pour détruire les chenilles sur les arbres fruitiers. C'est le soufre sublimé ou trituré très fin. Il y a une vingtaine d'années, M. de Chasteigner faisait soufrer une vigne atteinte par l'oïdium. Des pommiers en pleine végétation étaient attaqués par des chenilles. Passant près de l'un d'eux, un des ouvriers envoya un coup de soufflet; il les vit se tordre, lâcher prise et tomber mortes sur le sol. L'épreuve fut répétée, le résultat fut toujours le même. On traita alors par le soufre, lancé avec le soufflet, les pommiers entiers. Le résultat fut complet. A partir de ce moment, les chenilles moururent; les pommiers reprirent leur végétation et restèrent, jusqu'à la récolte, vigoureux et couverts de fruits, au milieu de ceux des contrées voisines entièrement dépouillés.

Destruction de l'alucite. — Un moyen radical de détruire l'alucite dans les greniers, c'est d'y brûler de la *fleur de soufre* lorsque la larve *se change en petit papillon* gris (automne et printemps). Avoir soin de fermer, aussi hermétiquement que possible, *toutes* les ouvertures. C'est infaillible, peu coûteux, et l'on peut renouveler le traitement aussi souvent que cela est nécessaire (M. *Henri Martin*, à Paris).

Vers des meubles. — J'ai employé le moyen suivant qui m'a absolument réussi, il est vrai que le meuble (noyer) ne faisait que commencer à se piquer. Employant une seringue hypodermique, garnissant l'aiguille de cire à modeler, emplissant par aspiration la seringue de sulfure de carbone, j'en injectais le meuble par les trous mêmes des vers. J'avais soin, avant de presser sur le piston, de faire glisser la cire le long de l'aiguille, de l'appliquer sur le meuble et, après l'injection faite, de boucher immédiatement le trou du ver avec cette cire. J'ai arrêté ainsi une destruction commencée — l'expérience date de deux années : — il ne s'est pas formé d'autres trous (M. *Feret,* en Tunisie).

Conservation des meubles, tapis, fourrures, etc. — Faire brûler dans une assiette ou une casserole, suivant la grandeur de la pièce, deux bonnes poignées de pyrèthre. On laisse les fenêtres fermées pour l'opération. Les papillons ou vers sont détruits. L'odeur est suffocante; ne pas rester dans la pièce où l'on opère (M. A. *Faul*, à Mannheim).

PHARMACIE

BRULURES.

Guérison des brûlures. — Appliquer en compresse : 64 grammes d'essence de térébenthine et 64 grammes d'huile d'olive mêlées et bien battues, auxquelles on ajoute une cueillerée à café de chaux éteinte dans un demi-verre d'eau. Le cérat battu avec quelques gouttes de laudanum produit un très bon effet.

Contre les brûlures. — On a souvent préconisé les pétales de lis macérés dans l'huile d'olive. On emploie aussi les mêmes pétales mises à tremper dans l'alcool. Mais un remède que je tiens à signaler, c'est l'infusion d'ormeau appliquée en compresses qu'on renouvelle le plus souvent possible. On choisit les jeunes rejetons de l'ormeau, même un peu gros, on les concasse grossièrement et on fait bouillir. J'ai vu des brûlures d'une gravité extrême guérir rapidement à la suite de cette médication. Je crois qu'il faut attribuer l'efficacité de ce remède à la quantité notable de tanin que renferme l'ormeau. Il est probable que d'autres essences, aussi riches ou plus riches en tanin, donneraient les mêmes résultats (M. A. *Carbonel*, à Marseille).

Autre remède. — Je viens présenter un moyen certain, je dirai même souverainement efficace pour faire disparaître presque aussitôt la douleur cuisante et persistante que cause toujours une brûlure grave, malgré l'application du liniment oléo-calcaire. Je l'ai expérimenté sur moi-même ; il est fort peu répandu, si ce n'est peut-être dans la médecine homéopathique. Il consiste à découvrir complètement les plaies de tous les bandages dont a la déplorable habitude de les recouvrir, sous prétexte de les mettre à l'abri du contact de l'air et à plonger la partie brûlée daus un vase contenant de l'eau tiède renfermant 10 grammes par litre de teinture d'arnica. Aussitôt la douleur cesse comme par enchantement ; je puis dire qu'après trois jours et trois nuits d'intolérables souffrances qui m'avaient fait perdre l'appétit et le sommeil, je me suis endormi, le bras plongé dans ce liquide. A mon réveil, la douleur avait disparu ; elle revenait à d'assez longs intervalles, mais aussitôt calmée par une nouvelle immersion ; et la guérison totale a eu lieu une quinzaine de jours après le commencement de ce traitement, alors que le médecin qui me soignait avec le liniment ne me laissait pas espérer de guérison avant deux mois (M. *Roveroli*, à Rambouillet).

Autre remède. — Je crois qu'il serait utile d'indiquer un remède que j'emploie depuis plus de trente ans et qui m'a toujours réussi, contre la rubéfaction, la vésication, l'escharification des tissus, et tous les accidents occasionnés par les brûlures, phlyctènes, ampoules, etc. Le remède est aussi simple qu'à la portée de tous, c'est de recouvrir immédiatement la brûlure (*sitôt l'accident produit*) d'un vernis alcoolique : vernis photographique, à bois, à étiquettes, d'ébéniste, etc., à la condition qu'il ne renferme aucune matière colorante qui pourrait laisser à la guérison un tatouage dans les parties où l'épiderme serait à nu. Il est bon de passer quelques couches de vernis alcoolique sur les parties brûlées (M. *Henry Duc*, photographe, à Grenoble).

Brûlures par les alcalis caustiques. — Les ouvriers, de l'électro-chimie principalement, savent combien sont douloureuses, surtout sous les ongles, les brûlures faites par la potasse ou la soude caustifiée ; elles produisent comme les cautères des eschares qui suppurent sous la plus petite pression et causent de vives souffrances lorsqu'on reçoit surtout la moindre décharge électrique. Le meilleur remède contre ces brûlures est de se laver aussitôt avec du vinaigre qui, en se combinant avec la potasse et la soude pour former un acétate, empêche leur action sur la peau (*Journal des applications électriques*).

PIQURES.

Cousins, moustiques, etc. — Les piqûres d'insectes tels que cousins, moustiques, mouches, etc., sont souvent douloureuses ; dans ce cas, on applique sur la partie malade de l'ammoniaque liquide ou alcali volatil. Les piqûres d'araignées sont non seulement douloureuses, mais elles sont souvent venimeuses; il faut laver leurs piqûres avec de l'eau salée ou avec du vinaigre étendu d'eau. La piqûre de l'abeille n'est mauvaise qu'autant qu'elle a laissé son aiguillon; aussi, le premier soin doit-il être d'enlever cet aiguillon, puis presser pour faire saigner la plaie, car le sang qui s'écoule entraînera, en partie du moins, les liquides déposés; sucer la plaie et la laver à grande eau d'abord, puis avec une solution de poudre de Knos. Cette poudre, très employée en Angleterre, est formée de chlorure de chaux, 3 parties; sel marin, 8 parties; on met 30 grammes de ce mélange dans un verre d'eau. A défaut de cette composition, on peut se servir d'extrait de saturne. Pour la piqûre du scorpion, on emploie l'alcali volatil; après l'apaisement de la première douleur, on met des cataplasmes émollients.

Guêpes. — J'ai vu appliquer avec succès, sur les piqûres de guêpes, un simple nouet de linge mouillé contenant le *bleu de blanchisseuse* destiné à rendre le linge plus beau. La douleur cesse instantanément et n'a aucune suite. Je ne crois pas que l'application fût précédée de la pression pour faire saigner la plaie; dans tous les cas, on n'enlevait pas l'aiguillon (Mme *A. Lemaître*, à Paris).

MASTICS DENTAIRES.

Mastic dentaire calmant. — On pétrit 4 grammes de gutta-percha ramollie dans l'eau chaude avec un mélange de 2 grammes de poudre de cachou, de 2 grammes d'acide tannique et d'une goutte d'huile essentielle de clous de girofle ou de rose. Pour s'en servir, il suffit de ramollir une petite portion de ce mélange au-dessus de la flamme d'une lampe à esprit-de-vin et l'introduire, encore chaude, dans la cavité de la dent, où il faut la tasser convenablement.

Autre recette. — Mêler une partie de mastic en larmes et deux parties de collodion, après avoir séché convenablement le creux de la dent au moyen de l'amadou, on y introduit une petite boulette de coton imprégnée de ce mélange (M. *Schweitzer*, à Nancy).

Autre recette. — On dissout dans 7 grammes de chloroforme, 2 grammes de mastic en larmes (lentisque), puis on mélange avec 2 grammes de baume du Pérou. Douze à quinze heures après on met dans un flacon. Pour l'employer, on introduit deux ou trois gouttes dans le creux de la dent avec un peu d'ouate.

Autre recette. — Saturez de l'éther sulfurique de mastic en larmes; décantez après quelques jours de macération, imbibez une petite boule de coton d'une grosseur égale à la cavité de la dent cariée et agglutinez le tout de manière à remplir le vide dentaire.

ENGELURES. — HÉMORRHAGIES, ETC.

Contre les engelures. — Voici un remède *souverain* dont je me suis servi pendant mon séjour en Allemagne et qui m'avait été indiqué par la maîtresse de l'hôtel où je logeais. Ce remède, je l'ai essayé moi-même; je peux donc en parler en connaissance de cause. Je dois dire d'abord qu'il n'est bon que pour les engelures non *crevées*. On met dans un bassin de l'eau assez chaude; on place ce bassin sur un réchaud ou sur un feu doux quelconque. On met alors les mains (ou les pieds) dans cette eau et on les y laisse aussi longtemps qu'on peut l'endurer. Lorsque l'eau est par trop chaude, on retire les mains et on les plonge rapidement dans l'eau froide, glacée même, si on en a; on les essuie soigneusement avec un linge de toile. Si on fait cette expérience au moment de se coucher, on saupoudrera les mains de poudre de riz ou de simple amidon et on les enveloppera ensuite dans des linges de toile. Lorsque je me suis décidé à employer ce remède, je ne pouvais plus plier les doigts et la démangeaison était insupportable; le lendemain, je pouvais tenir un crayon et m'en servir, et le surlendemain j'étais guéri. J'avais fait deux fois l'expérience. Je ne crois pas qu'aucune engelure résiste à quatre bains (Un habitant de Condé. Nord).

Autre recette. — Voici une recette qui me réussit depuis six ans contre les engelures dont je ne pouvais me débarrasser auparavant.

1° Solution :

Teinture de benjoin.............	10 grammes.
Eau de rose....................	400 —

S'en frictionner les mains plusieurs fois par jour, principalement avant de sortir et quand on rentre chez soi.

2° Pommade :

Sulfate d'alumine................	5 grammes.
Cold cream......................	50 —

Oindre les mains, matin et soir, avec cette pommade.

La solution et la pommade employée simultanément m'ont admirablement réussi, ainsi qu'à des amis à qui j'ai fait connaître ce remède qui, bien entendu, ne dispense pas de laisser *absolument* de côté l'eau chaude pour l'usage des mains.

Le traitement doit être commencé, surtout par la solution, dès les premiers froids, c'est-à-dire dans le commencement d'octobre (M. *C. V*).

Pommade contre les engelures.

Oxyde de zinc....................	2 grammes.
Créosote.........	2 —
Laudanum Rousseau.............	2 —
Axonge..........................	30 —

Étendre matin et soir sur les parties malades (M. *Paul Carré*, pharmacien, à Paris).

L'ortie blanche contre les hémorrhagies. — L'ortie blanche est un remède très efficace contre les hémorrhagies; voici la manière de la préparer et de l'administrer; coupez la tige à 10 ou 15 centimètres au-dessous du sommet; pilez-la avec ses fleurs dans un mortier, ou à défaut de celui-ci hachez-la aussi menu que possible, comme vous le feriez de fines herbes destinées à une persillade. Exprimez-en le suc au moyen soit d'une presse en usage pour extraire les jus de viandes, soit d'un linge fort et serré que vous tordez jusqu'à siccité. Le suc de l'ortie blanche ainsi obtenu se met en des bouteilles de petite contenance, 100 grammes, par exemple, que l'on plonge jusqu'à la naissance du col dans un bain-marie que l'on porte à l'ébullition. Au bout de dix minutes on bouche hermétiquement, on laisse refroidir et on place les bouteilles étiquetées dans un endroit sec, à l'abri de la chaleur et de la lumière. Un demi-verre à madère de cette préparation suffit à arrêter, au bout de quelques minutes, une hémorragie abondante. Si contre toute attente la première dose ne suffisait pas, on en prendrait une seconde à quinze minutes d'intervalle. Les préparations de l'ortie blanche par macération dans l'alcool ou décoction dans l'eau bouillante sont infiniment moins efficaces que celle ci-dessus relatée. Les bouteilles doivent contenir deux doses et pas davantage, de façon a être vidées aussitôt que débouchées, pour éviter l'évaporation et la fermentation (M. *J. Fardel*, à Lille).

Manière de prendre l'huile de ricin sans en

sentir le goût. — Connaissez-vous le moyen de faire prendre l'huile de ricin à un malade quelconque, sans qu'il en sente le goût fade et répugnant? Quelques-uns mélangent intimement ce répugnant purgatif avec du café, d'autres avec du lait, mais la mixtion ne se fait qu'imparfaitement, et le coup d'œil seul suffit pour dégoûter davantage. D'aucuns l'absorbent pur, se contentant de se rincer le palais après coup; oui, mais pendant l'absorption, quel empâtement de la bouche! quel supplice! Or, voici ce que fait faire un médecin de Nancy (ce moyen doit être déjà répandu, peut-être pas assez, c'est pourquoi je le préconise!): on passe une goutte de cognac ou de rhum dans un verre à bordeaux, jusqu'à ce que les parois en soient humectées; on se mouille la bouche avec le même liquide. Une fois la liqueur rejetée, on verse l'huile dans le verre, dont elle ne saurait humecter les parois déjà mouillées d'alcool; on peut avaler l'huile en deux ou trois lippées, sans que le palais en sente le goût; l'alcool forme enveloppe et dérobe complètement l'huile aux sens du goût et du toucher (M. *Bergeret*, à Nancy).

Autre manière. — *M. Paul Carré*, pharmacien à Paris, nous écrit que l'on peut prendre sans dégoût l'huile de ricin en l'agitant dans le double de son poids de vin de Malaga.

Pastilles de goudron sans sucre. — Dans une des dernières séances de la *Société de thérapeutique*, M. Mayet, au nom de son fils, a lu une note sur des pastilles de goudron sans sucre.

Voici la formule: goudron de Norvège, 2 grammes; bicarbonate de soude, 18 grammes; phosphate de chaux bibasique, 30 grammes; essence d'anis; 5 gouttes; mucilage de gomme adragante, quantité suffisante, pour faire des pastilles de 50 centigrammes, soit 100 pastilles contenant chacune 2 centigrammes de goudron.

M. Mayet fils prépare aussi, à l'aide de l'acide citrique, un sirop contenant 10 ou 15 centigrammes de narcéine pour 100 grammes.

Ouate-charpie des Allemands. — Voici de quelle manière on arrive à préparer dans les conditions exigées la ouate-charpie des Allemands. Le coton de bonne qualité, tel qu'il arrive en balles, est d'abord débouilli en soude caustique à environ 12° B., puis lavé. On l'imprègne ensuite d'une dissolution faible de permanganate de potasse. On compte environ 15 à 20 grammes de ce sel par kilogramme de coton. Puis, sans laver, on expose le coton permanganaté à l'action de l'acide sulfureux et on lave et on sèche. On carde le coton écru (M. *Paul Montavon*, à Trubaü. Moravie).

Taffetas d'Angleterre. — Faire dissoudre au bain-marie fermé:

Colle de poisson................	16 grammes.
Alcool à 22°....................	125 —
Eau...........................	125 —

Passer le mélange à travers un linge, puis l'étendre avec un pinceau sur du taffetas de la nuance désirée. Laisser sécher. Superposer ainsi plusieurs couches.

PARFUMERIE

EAUX DIVERSES.

Eau de Cologne. — Voici une recette pour l'eau de Cologne (avec prix de revient) : le résultat en est excellent :

Essence de bergamote.....	10 gr.	30 cent.
— d'orange..........	10	35 —
— de citron.........	5	25 —
— de cédrat....... .	3	15 —
— de romarin.......	1	10 —
Teinture de benjoin... ...	5	13 —
Alcool à 90°..............	1 lit.	3 fr. 50 —
Total................		4 fr. 80 cent.

Ces prix sont ceux de province, je ne peux répondre qu'ils soient aussi bas à Paris.

Autre formule. — Prendre : 3/6 Montpellier, extrafin, 1 litre, y mêler :

Huile essentielle de romarin.....	10 grammes.
Essence de bergamote...........	25 —
— de citron...............	15 —
— de lavande..............	2 —
Néroli, première qualité..........	2 —
Teinture de musc................	3 gouttes.

Agiter ce mélange de temps à autre ; au bout de quarante-huit heures, on peut s'en servir.

Eau dentifrice.

Huile essentielle de menthe......	4	grammes.
Anis...........................	34	—
Un gros de girofle...............	7	—
Cannelle.......................	7	—
Demi-gros de cochenille.........	2	—

Faire infuser dans un litre d'esprit-de-vin rectifié pendant six semaines. Filtrer et conserver dans une bouteille bien bouchée.

POMMADES. — PARFUMS. — POUDRES.

Pommade aux fleurs fraîches. — Dans un pot de terre neuf ou un vase de porcelaine, mettez environ 500 grammes de graisse de porc (saindoux) et plongez ce vase dans un autre plus grand, plein d'eau chaude et placé dans le voisinage du feu, de manière que la graisse reste liquide. Ajoutez alors à la graisse une poignée de fleurs dont vous voulez obtenir le parfum et laissez jusqu'au lendemain. Au bout de vingt-quatre heures passez à travers une mousseline et ajoutez de nouvelles fleurs à la graisse. En répétant la chose sept ou huit jours de suite, on obtient une excellente pommade ayant un parfum très pur et très fort ; ce procédé réussit particulièrement bien avec l'héliotrope ou la verveine.

Si l'on verse sur la pommade de l'alcool fort et qu'on laisse quelques jours en remuant souvent, le parfum passe de la graisse dans l'alcool et l'on obtient, après filtration, un bon extrait pour le mouchoir.

Parfums hygiéniques pour assainir les appartements. — On les prépare et l'on s'en sert comme suit :

Pétales de roses rouges hachées..	35	grammes.
Iris de Florence.................	45	—
Storax calamite.	45	—
Clous de girofle....	20	—
Cannelle........................	8	—
Fleurs de lavande......	35	—
Essence de bergamote...........	10	gouttes.

Toutes ces substances doivent être hachées très menu ; ensuite on les met dans un bocal, on ajoute l'essence, on agite vivement, et l'on bouche le bocal.

Pour parfumer l'appartement, on fait chauffer une pelle et l'on jette dessus une pincée de ce parfum hygiénique et délicat.

Un agréable et rafraîchissant vinaigre de toilette se compose comme suit.

Dans du très bon vinaigre de vin rouge ou blanc, faites macérer, à raison d'une livre de framboises par litre de liquide, et d'une forte poignée de pétales de roses rouges, pendant un mois. Au bout de ce temps, faites filtrer au papier gris, et ajoutez dix grammes d'extrait de miel.

Ce vinaigre de toilette, dont nous faisons usage depuis bien longtemps, a de réelles vertus toniques et rafraîchissantes pour la peau.

Poudre pour parfumer le linge.

Iris de Florence	750	grammes.
Bois de rose	185	—
Calamus	250	—
Santal citrin	125	—
Benjoin	155	—
Clous de girofle	15	—
Cannelle	31	—

Réduire le tout en poudre et saupoudrer le coton cardé avec cette poudre; on en fera de petits sachets que l'on distribuera dans le linge.

Poudre de riz. — Prendre un pot de terre neuf, y mettre :

Eau	6 litres.
Riz très propre	1 kilogramme.

Laisser tremper vingt-quatre heures, puis décanter. Trois jours durant, renouveler cette opération. Puis égoutter le riz sur un tamis de crin; cela fait, l'exposer à l'air sur une serviette. Dès qu'il est sec, le piler très menu dans un mortier de marbre couvert et le tamiser avec soin à travers un linge fin lié sur le pot pour ne rien perdre de la poudre.

BLANCHISSAGE, BLANCHIMENT, NETTOYAGE

BLANCHISSAGE.

Nettoyage de la flanelle. — Pour empêcher les objets de flannelle de jaunir sans employer le soufre, il faut prendre, au lieu de savon, une colle très légère ainsi préparée : 2 cuillerées de farine délayée et cuite dans 2 litres d'eau.

Brillant pour le linge. — Au moyen de l'apprêt suivant, le repassage donne au linge un beau brillant. On le compose avec :

Blanc de baleine	50	grammes.
Gomme arabique	50	—
Glycérine	125	—
Eau distillée	725	—

On fait cuire tous ces ingrédients jusqu'à fusion complète.

Quand la solution est refroidie, on la verse dans des pots que l'on ferme soigneusement.

Pour en faire usage, on ajoute quatre cuillerées à soupe de cette composition par litre, à l'eau qui a servi à dissoudre l'amidon.

DÉTACHAGE. — NETTOYAGES DIVERS.

Moyen d'enlever les taches de graisse sur le papier. — Il faut avoir une égale quantité d'alun brûlé et de fleur de soufre réduits en poudre ; prendre un peu de ces poudres mélangées et en frotter doucement la tache avec le doigt après avoir légèrement mouillé le papier.

Manière de nettoyer les bijoux. — Pour nettoyer les bijoux en acier altérés par l'oxydation, les brosser et les mouiller dans l'esprit-de-vin pur, puis les sécher dans la sciure de bois ordinaire, en les remuant. Pour nettoyer ceux en or, les faire bouillir dans un litre d'eau où l'on verse 50 grammes de sel ammoniacal (M. le comte *Louis Frattini*, à Florence).

Nettoyage des objets en filigrane. — Pour nettoyer les objets en filigrane d'argent devenus noirs, il suffit de les plonger dans une solution de cyanure de potassium.

Ce produit est dangereux ; s'il n'y a pas lieu de faire un nettoyage profond, une solution d'hyposulfite de soude, complètement inoffensive, y suffira. Si dans l'objet en filigrane il n'entre aucun autre métal que l'argent, on peut encore le faire bouillir dans de l'acide sulfurique.

Poudre pour nettoyer l'argenterie.

Crème de tartre en poudre fine...	62 grammes.	
Carbonate de chaux, blanc d'Espagne........................	62	—
Alun en poudre fine.............	31	—

Mêler ces trois substances, en former un mélange homogène.

Lorsqu'on veut s'en servir, on frotte l'argenterie avec ce mélange délayé dans un peu d'eau en se servant d'un linge doux. Laver et essuyer.

Entretien des glaces de devantures de magasins. Manière d'empêcher les buées de s'y former. — Il suffit de frotter la surface intérieure de la glace avec un tampon imbibé de glycérine. La buée glisse immédiatement sur cette couche légèrement grasse, sans laisser de traces bien sensibles, et la glycérine elle-même ne retire que fort peu de transparence à la glace. Il est bon toutefois de nettoyer de temps à autre la glace et d'y appliquer une nouvelle couche de glycérine fraîche.

Nettoyage des statuettes de plâtre. — Voici une manière très pratique de nettoyer les plâtres sans les endommager. On fait une bouillie très épaisse avec de l'amidon et de l'eau, on en enduit le plâtre à nettoyer, de façon à bien faire pénétrer l'amidon jusque dans les moindres replis, et on laisse sécher; l'amidon alors se fendille et tombe sans qu'on ait besoin d'y toucher; il emporte avec lui toute la poussière et toutes les impuretés qui s'étaient déposées sur le plâtre.

Procédé pour nettoyer les ustensiles de fer-blanc. — On passe de la cendre, on la mélange avec de l'huile à brûler, de manière à former une pâte qu'on étend sur l'objet qu'on veut nettoyer; ensuite on frotte cet objet d'abord avec un vieux linge de toile et en second lieu avec un chiffon de laine.

Nettoyage des vitres. — Une composition formée de magnésie calcinée humectée de benzine est excellente pour nettoyer les glaces de vitrine et en général toutes glaces encadrées, car elle ne laisse point de résidus dans les jointures.

NETTOYAGE DES PIERRES, DES MARBRES, ETC.

Nettoyage des dalles en pierre. — Un perron en roche de Saint-Maximin a été nettoyé et rendu lisse comme la pierre de liais par le moyen suivant : après l'avoir passé à la mollette au grès avec de l'eau et du grès pilé, ce perron a été lavé ; puis il a été enduit, quarante-huit heures après, avec du mastic ou ciment métallique et deux jours après on l'a poncé avec une pierre adoucissante, dite rabat. Les trous de coquillages, très nombreux dans ces roches, et indices de leur bonne qualité, du reste, ont ainsi disparu (M. *Jean Fugairon*, architecte, à Corbeil).

Autre recette. — M. *Gaulier*, à Paris, recommande de nettoyer la pierre avec de l'acide muriatique (acide chlorhydrique) étendu d'eau. Laver ensuite à grande eau. — M. *Lemonnier* indique, d'après Girardin, un procédé analogue. Laver avec de l'eau, puis avec de l'eau aiguisée de 32 centimètres cubes d'acide chlorhydrique par litre. Terminer par un lavage à grande eau.

Autre recette. — Pour bien nettoyer les dalles de pierre d'escalier, je me sers, depuis longtemps déjà, du procédé suivant : on commence par frotter la dalle avec de l'eau de savon noir (plus le mélange contiendra de savon, mieux cela vaudra) ; puis on verse sur la dalle de l'eau de Javel et l'on essuie. Ce moyen tout primitif m'a donné de fort bons résultats (M. *A. Halphen*, à Versailles).

Nettoyage des marbres. — Les marbres tachés se nettoient assez bien avec de l'eau chlorurée (60 grammes de chlorure de chaux pour un litre d'eau). On les frotte avec une éponge trempée dans cette eau, et on les laisse se ressuyer à l'air. Au bout de deux heures, on les lave à l'eau claire. Si cette première opération ne suffit pas, on recommence une seconde fois. Mais on termine en passant dessus un peu d'huile de lin, ou mieux de la cire vierge dissoute dans de l'essence de térébenthine.

Moyen d'enlever les taches de boue sur un livre précieux. — Avant toute opération, si l'on ne veut pas se résoudre à découdre le cahier du livre, il faut isoler la feuille maculée entre deux papiers d'étain, afin de préserver le reste du volume. Si le papier est bien encollé et s'il ne s'agit que d'une éclaboussure, un lavage léger avec un blaireau ou une éponge imprégnée d'eau ordinaire, ou même un bain prolongé dans l'eau chaude, suffisent ordinairement. Si ce moyen est inefficace, on peut couvrir la tache d'une matière gluante, mucilagineuse (savon, colle d'amidon, glycérine) susceptible de l'entraîner et de se dissoudre ensuite elle-même dans l'eau.

Voilà pour les moyens mécaniques. S'il s'agit d'un papier non encollé, buvard, la chose se complique et l'on est souvent obligé de recourir aux agents chimiques, lesquels varient nécessairement suivant la nature de la boue qui a causé l'accident.

Dans tous les cas, on peut essayer de l'eau de Javel diluée (1 partie d'eau de Javel, 4 parties d'eau ordinaire); il faut ensuite soumettre le papier à un lavage prolongé. Une solution de potasse ou d'acide chlorhydrique *très affaibli* réussit également. La boue ferrugineuse produit des taches de rouille qui disparaissent dans une solution chaude d'oxalate de potasse (sel d'oseille).

Ce qui donne le plus de mal à l'opérateur, ce sont les taches qui ont pour origine une forte pression, la boue ayant alors complètement pénétré la pâte du papier : l'immersion prolongée est alors le seul remède. Si la tache est dans un angle, rien de plus facile que de l'isoler; mais si elle se trouve au milieu d'une page, on aura recours à un large godet de porcelaine, semblable à ceux dont on se sert pour le lavis. Dans les cas extrêmes, on est quelquefois obligé de séparer du volume, au moyen d'un fil mouillé, la feuille endommagée; on la recolle ensuite à l'aide d'un étroit onglet de papier mince.

Moyen d'enlever les taches de cire ou de bougie. — Tout le monde connaît ce moyen d'enlever les taches de cire, qui consiste à passer un fer chaud sur un morceau de papier de soie appliqué sur la tache. Mais on n'a pas toujours un fer à sa disposition. Voici un moyen rapide, fondé sur le même principe, et qui est à la disposition de tout fumeur. Vous appliquez sur la tache une feuille de papier à cigarettes et vous promenez, à quelques millimètres du papier, une allumette enflammée. La tache a bientôt disparu; si elle est un peu grosse, il est bon de gratter d'abord avec l'ongle pour en enlever la plus grande partie. Après l'opération, un coup de brosse fait disparaître toute trace. Ce moyen m'a toujours parfaitement réussi.

Autre moyen. — Nous avons indiqué, précédemment, un moyen pour enlever les taches de bougie. Voici un autre procédé très simple : à l'aide d'un canif, enlever le plus gras de la tache, puis traiter par de l'alcool à 90°. Le procédé réussit très bien pour la bougie, car l'acide stéarique est soluble dans l'alcool (M. *P. Carré*, à Paris).

Blanchiment du coton ou de la laine. — Le

principe consiste dans la substitution d'hypochlorates neutres aux hypochlorites alcalins, à base de soude et de potasse; la préparation de l'hypochlorite repose sur la loi de Berthollet ci-après : « Une base soluble décompose complètement un sel dont la base est insoluble dans les conditions où l'on opère. » Le produit obtenu en vertu de cette loi, et dénommé *chlorogène* par MM. Lebois, Piceny et Cie, se fabrique manuellement. Du chlorure de chaux est dissous dans un volume d'eau suffisant pour obtenir un mélange presque liquide, puis la solution est traitée par une lessive de soude caustique, dosée de manière à précipiter les sels de chaux. La masse soumise pendant plusieurs heures à une agitation continue est, en dernier lieu, abandonnée à elle-même. Une nouvelle opération répétée sur de semblables proportions de chlorure de chaux et de lessive de soude, en employant le liquide du bain précédent, permet d'augmenter la richesse chlorométrique et de préparer un hypochlorite doué des propriétés décolorantes du chlorure de chaux, mais n'en présentant pas les dangers. Le blanchiment s'effectue comme suit : pour 1k,5 de coton, on constitue un premier bain de 35 litres d'eau froide et de 24 centilitres de lessive caustique ordinaire, marquant 30° B. L'immersion dure six heures. La matière à blanchir passe de là dans un deuxième bain qui contient, pour 35 litres d'eau froide, 50 centilitres de chlorogène à 3° chlorométriques. La durée de cette opération est de cinq heures. Viennent ensuite un bain (facultatif) d'eau acidulée par l'acide chlorhydrique à un demi-degré B et un rinçage à l'eau courante (*Le teinturier pratique*).

APPAREILS ET RECETTES DE BUREAU

ENCRES, ETC.

Recette d'encre rouge. — Prenez 125 grammes de bois du Brésil râpé, 32 grammes de sel de tartre et autant d'alun; faites bouillir le tout dans 1 litre d'eau jusqu'à ce qu'elle soit réduite à moitié. Alors filtrez chaud et ajoutez 32 grammes de gomme arabique et autant de sucre blanc. En ajoutant un peu de sel de cuisine, on empêche cette encre de moisir.

Encres de diverses couleurs. — *Encre rouge :* Faire dissoudre : carmin, 40 centigrammes dans 60 grammes d'ammoniaque; ajouter : gomme arabique en suffisante quantité. — *Encre bleue :* Crème de tartre, 30 grammes; vert-de-gris, 30 grammes. Faire bouillir ce mélange dans 100 grammes d'eau. Lorsque ce liquide est réduit de moitié, on y ajoute un peu de gomme arabique pulvérisée. — *Encre verte :* Faire infuser dans de l'eau gommée : vert-de-gris pulvérisé, suc de safran, suc de rue. Le tout à égales quantités.

Encre à tampon. — Voici une bonne formule d'encre à tampon : fuchsine, 3; alcool, 20; acide phénique, 10; glycérine à 30°, 100. Faire dissoudre la fuchsine dans l'alcool, ajouter l'acide phénique et la glycérine. L'acide phénique agit là comme fixatif de la couleur. On peut remplacer la fuchsine par du violet de Paris ou du vert d'aniline (M. *Ch. Satis*, à Paris).

Autres encres à tampon. — Tampon noir : 225 grammes noir léger, 275 grammes vernis.

Tampon rouge : 200 grammes vermillon n° 1; 5 grammes carmin n° 40; 300 grammes vernis.

Tampon vert : 125 grammes vert véronèse ; 250 grammes vert Miloré ; 625 grammes vernis.

Le vernis est de l'huile de lin ou de noix rendue siccative ; l'huile de noix est préférable.

Pour tampon bleu, on emploie l'outremer. On doit aussi employer les couleurs d'aniline.

Encre à calquer sur toile. — Il est toujours préférable de travailler sur toile-calque que sur papier-calque. Le seul inconvénient que l'on puisse trouver dans la percaline, c'est la difficulté de faire prendre l'encre sur sa surface glacée.

Pour calquer facilement sur toile, il faut que la température de la salle soit assez élevée. Ce fait a été expérimenté par tous les dessinateurs. Il suffirait donc, le matin, lorsqu'il ne fait pas encore chaud dans la pièce, de faire chauffer le calque. Seulement, ce procédé n'est pas pratique. Un autre moyen consiste à frotter le calque avec une peau de chamois et un peu de craie râpée.

Quelques dessinateurs tournent un peu de savon

dans leur godet d'encre de Chine. L'inconvénient qui en résulte est que l'encre s'épaissit. D'autres mettent du bleu de Prusse dans l'encre, prétendant qu'elle prend mieux par ce procédé. Enfin, on met quelquefois une goutte de fiel de bœuf dans l'encre, ainsi que dans les teintes. Ce système est encore meilleur que ceux cités plus haut, mais il n'est pas parfait. En effet, le fiel a d'abord le grand inconvénient de répandre une odeur infecte et de changer le ton des teintes parce qu'il est jaune. C'est ainsi que le bleu devient vert, le rouge orange, etc. Le fiel naturel fait aussi couler l'encre; c'est l'excès.

Voici le moyen de préparer, avec le fiel de bœuf, une liqueur dont on versera une goutte ou deux dans le godet d'encre de Chine avant de calquer sur percaline :

On commence par filtrer le fiel à travers un papier-filtre gris disposé dans un entonnoir. Cette opération achevée, on met le liquide sur le feu; lorsqu'il a bouilli, on le verse à travers un linge fin; une écume épaisse et d'autres impuretés restent sur le linge; on remet de nouveau sur le feu et on projette dans le fiel chaud de la craie en poudre; il se forme une effervescence très chaude, et lorsque, par cette addition, elle cesse de se produire, on filtre de nouveau.

La liqueur passe claire, tout à fait décolorée, si l'opération est bien faite. Le fiel, purifié de la sorte, a également la propriété d'enlever la mine de plomb parfaitement.

Lorsque les calques sur toile doivent être héliographées, on met dans l'encre de la terre de Sienne naturelle. C'est la couleur qui se mélange le mieux avec l'encre, tout en interceptant la lumière. La gomme gutte ne vaut absolument rien dans ce cas; elle ressort des traits un jour après. La terre de Sienne calcinée épaissit l'encre (*Bull. de l'imprimerie*).

Encre d'imprimerie. — Il est très facile de composer soi-même une encre d'imprimerie ayant telle consistance que l'on désire. On remplit à demi une bassine de cuivre avec de l'huile de lin ou de noix, on chauffe à feu nu au delà du point d'ébullition de l'huile, on laisse ainsi épaissir jusqu'à ce que toutes les matières à odeur désagréables se soient dégagées. Un échantillon déposé sur une assiette devra être sirupeux et filer entre les doigts. Dans cet état on broie avec environ 16 p. 100 de noir de fumée. Souvent une addition de savon est nécessaire. L'huile devra avoir été bien cuite, sans quoi il en résulterait des bavures à chaque lettre. Ces bavures peuvent être évitées dans une certaine mesure en humectant légèrement le papier qui doit recevoir l'impression. Avec un peu d'habitude on arrive vite à fabriquer une encre donnant tous les résultats que l'on désire. Pour avoir une encre de couleur on broie avec du cinabre, du bleu de Paris, de l'indigo, etc., etc. Pour avoir une encre très noire et très épaisse, on broie avec du noir de Francfort (M. *Émile Dupré*, ingénieur chimiste, à Paris).

Encre autographique. — Faire fondre ensemble, dans un vase de fer, 180 grammes de cire vierge et 60 grammes de savon blanc; avant que le mélange ne s'enflamme, ajouter en remuant trois cuillerées à bouche de noir de fumée, laisser brûler le tout pendant une demi-minute, éteindre la flamme, retirer le vase du feu, ajouter peu à peu, et en remuant toujours, 60 grammes de gomme laque. Faire enflammer le mélange de nouveau, éteindre et couler l'encre dans les moules dès qu'elle sera un peu refroidie. Pour s'en servir, on la délaye comme l'encre de Chine, ou bien on la fait dissoudre dans une soucoupe chauffée, et on y ajoute ensuite de l'eau froide.

Encre sympathique. — On obtient une belle encre sympathique rouge en écrivant sur le papier avec une solution de chlorure d'or et en mouillant la feuille avec une solution de chlorure de zinc. Il suffit de chauffer pour voir apparaître en caractères rouges l'écriture précédemment invisible (M. *André Bérard*, à Passy).

Le polygraphe. — Le petit appareil d'origine américaine qui porte le nom de *polygraphe* permet de produire au moyen d'un cercle découpé tout ce que pourrait donner l'outillage d'une boîte de compas. L'instrument consiste en une rondelle de laiton convenablement ajourée (fig. 29); il remplace la règle, l'équerre, le compas à pointes sèches, le compas à courbes, le double décimètre, le rapporteur et les pistolets; un enfant en l'employant peut faire très rapidement des dessins géométriques les plus compliqués et les plus variés. Nous reproduisons plus loin en les réduisant (fig. 30) un certain nombre des dessins obtenus au moyen du polygraphe.

Cet outil ingénieux, en dehors de son côté récréatif, peut rendre des services aux ingénieurs, aux architectes, aux décorateurs et aux dessinateurs; mais nous en avons assez signalé les avantages, arrivons à sa description.

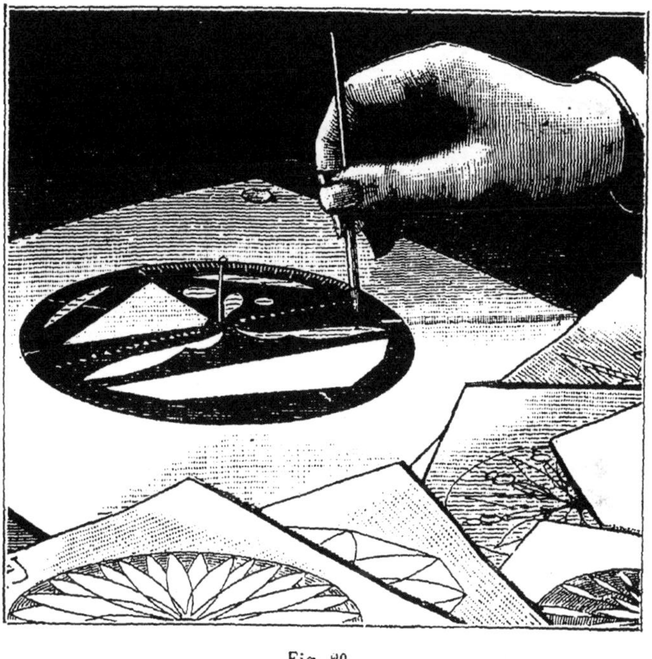

Fig. 29.

Le polygraphe est percé d'un trou central au moyen duquel on le fixe sur une planchette avec une épingle ordinaire comme pivot. — Trente-six cercles concentriques peuvent être tracés, en insérant la pointe fine d'un crayon dans autant de trous répartis

6.

sur deux rayons dont l'un contient les intervalles équidistants de rangs pairs et l'autre ceux de rangs impairs. En se servant de ces trous comme de pivots, l'on peut obtenir des cercles plus grands que le cercle extérieur de l'appareil. Celui-ci a $0^{m},118$ de diamètre.

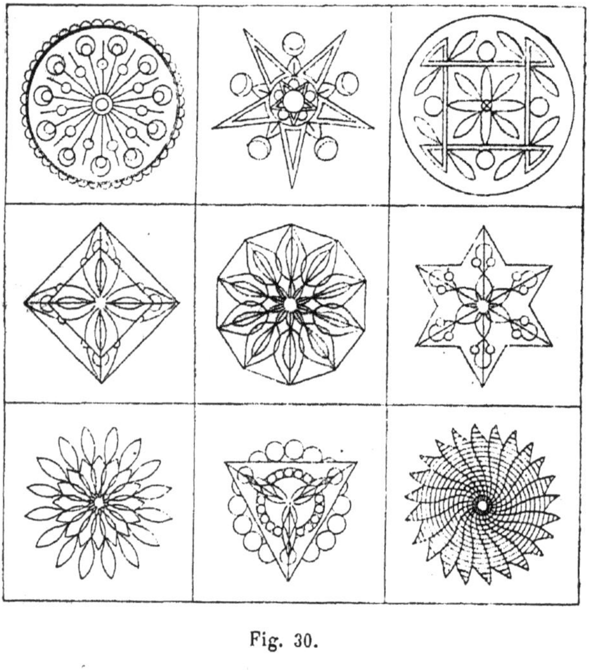

Fig. 30.

On peut obtenir, en employant le n° 35 comme centre, un cercle de $0^{m},235$ de diamètre.

Des polygones réguliers de 3, 4, 5, 6, 8, 10, 12 côtés, peuvent être obtenus instantanément en traçant les lignes marquées de ces chiffres et amenant l'une des extrémités de la ligne ainsi marquée sur l'appareil, à l'extrémité de la ligne tracée au crayon; en faisant ainsi consécutivement pivoter l'appareil, le polygone se trouvera complété.

Les centres des lignes 3, 4, 5, 8, 10 sont marqués par des traits; l'un des quarts de la circonférence extérieure est divisé en 90 degrés. De nombreuses courbes et deux cercles sont découpés et distribués dans les endroits de l'appareil non occupés par les lignes précédemment décrites. Cet appareil est, paraît-il, en usage dans de nombreuses écoles des États de l'Est de l'Amérique du Nord où il jouit d'une grande faveur et sert à l'enseignement de la géométrie et du dessin linéaire. On conçoit que par suite des dispositions de ses découpages fort ingénieusement combinés, il se prête à la formation des rosaces les plus variées, et devient l'objet d'exercices de dessins fort récréatifs pour les enfants et les écoliers.

Le polygraphe est fabriqué par une Société dont le siège est à Philadelphie. Mais il se trouve actuellement dans plusieurs dépôts à Paris. Il ne nous paraît pas très difficile de confectionner soi-même un instrument analogue pour son usage particulier.

Équerre économique en papier. — On est quelquefois embarrassé si on n'a pas une équerre sous la main pour élever une perpendiculaire. Dans ce cas prenez une feuille de papier et pliez-la en quatre bien exactement, et vous aurez une équerre parfaite (M. *F. Bergmann*, à Lyon).

REPRODUCTION DE GRAVURES, ETC.

Moyen de reproduire les gravures dont l'autre côté est imprimé. — Le procédé m'a été indiqué par un vieil ami, aujourd'hui mort ; je puis en garantir *en partie* l'efficacité, n'ayant jamais eu le temps ni les connaissances photographiques nécessaires pour l'amener à bonne fin. Nous avons la persuasion que les résultats de l'expérience seront favorables à ceux qui voudront l'essayer. On prend une boîte de fort carton dont on frotte fortement le fond avec un bâton de phosphore. Bien entendu on prend les précautions nécessaires pour manier le phosphore. Pour moi, j'avais près de moi une cuvette pleine d'eau et je tenais le bâton de phosphore avec une pince. Lorsqu'on a fortement frotté le fond de la boîte avec le phosphore, les vapeurs commencent de suite à se dégager.

Il faut alors rapidement mettre sur la boîte la gravure ou le livre qui le contient, la face exposée vers le phosphore. J'ai remarqué que moins la boîte est profonde, moins lente est l'opération. Je laisse ainsi la gravure exposée plusieurs heures aux vapeurs du phosphore, avec un fort poids dessus pour le faire bien adhérer à la boîte. Lorsque je juge le temps qu'exigeait l'opération accompli, et c'est une affaire de pratique, je sors la gravure de dessus la boîte et j'y applique dessus, face à face, un morceau de papier photographique sensible. Je les presse fortement et les laisse ainsi plusieurs heures. Lorsque je sors la gravure, le papier sensible reproduit la gravure en négatif. Je lave alors le papier sensible avec une solution d'hyposulfite de soude et j'obtiens une épreuve négative.

Je pense que le résultat provient de l'action exercée par le phosphore sur l'encre d'imprimerie de la gravure. Il y aurait là des recherches à faire pour expliquer l'action. J'ai reproduit ainsi plusieurs gravures du *Tour du monde* ou de *La Nature* et je suis arrivé à avoir des épreuves très nettes. Seulement, comme je ne connais pas la photographie, il m'est arrivé souvent d'abîmer le tout pour faire l'épreuve positive. Quelqu'un de plus expérimenté que moi réussira certainement et dans de meilleures conditions que je suis arrivé à le faire moi-même (M. *Maurice Dallas*, à Bordeaux).

Reproduction des gravures imprimées. — Voici un procédé qui m'a assez bien réussi et que je m'empresse de vous communiquer : je fais flotter l'imprimé à reproduire deux ou trois minutes dans un bain d'eau acidulée au 10e d'acide chlorhydrique, j'étends la feuille sur une toile cirée et après l'avoir placée sous un mince filet d'eau je passe légèrement sur les caractères ou le dessin une petite éponge imbibée d'essence de térébenthine (le sulfure de carbone m'a également réussi). Je lave pour enlever toute trace d'essence. J'étends sur ma feuille, au moyen d'une éponge très douce, une dissolution d'eau fortement gommée et j'encre avec un petit rouleau à fauchette et du noir assez faible. Plaçant ensuite ma feuille de papier sur la feuille encrée, je fais passer le tout sous une petite presse à cylindre et j'obtiens une épreuve où les caractères sont renversés mais qu'on peut redresser par une deuxième opération semblable à la première (M. *Courmessy*, à Allonne).

Reproduction de gravures ou photographies sur bois et sur verre. — Prendre une planche de la grandeur de la gravure qu'on veut reproduire, la passer au papier de verre (cette première partie se supprime si c'est sur verre que l'on veut reporter le dessin). Mouiller la gravure, la laisser égoutter, ou essuyer de nouveau entre deux linges. Enduire la planche ou le verre d'une couche de vernis blanc à tableau (à alcool); laisser sécher et donner une seconde couche de vernis, appliquer vivement la gravure humide et laisser sécher au moins quatre heures. Ensuite, laver entièrement le papier en frottant légèrement avec le doigt mouillé; vernir et laisser sécher (M. *Paul de Hyérard*, à Paris).

Reproduction de livres ou de gravures. — Le premier volume du *Moniteur des connaissances utiles et pratiques* (1854) fournit la recette suivante qui peut être de quelque utilité : « Prenez du bon savon, vous le couperez par petits morceaux, que vous ferez fondre dans de l'eau-de-vie sur un peu de feu; vous mettez environ 16 grammes de savon pour un quart de litre d'eau-de-vie; puis avec une plume ou un petit pinceau plat très doux, dit queue de morue, vous en frotterez doucement le livre que vous voulez copier, feuille par feuille, en mettant entre chaque feuille une feuille de papier blanc, vous refermerez le livre bien exactement, après quoi vous le mettrez dans une presse de laquelle vous le retirerez une demi-heure après, et vous trouverez toutes vos feuilles de papier blanc imprimées parfaitement. Il y a, il est vrai, un inconvénient, car il faudra les lire de droite à gauche ; mais on pourra y remédier facilement en présentant les feuilles copiées devant un miroir. Si on ajoute au mélange un peu de sel de nitre avec le savon et l'eau-de-vie, cela n'en vaudra que mieux. La soude, dans l'eau, fait le même effet, — une once dans un verre d'eau.

« Pour copier une gravure, prenez de l'eau d'alun et de savon, mouillez-en une toile ou un papier que vous appliquerez sur l'estampe ; mettez le tout sous presse, et vous aurez une assez belle copie de l'estampe. »

Manière de faire revivre l'encre effacée sur les parchemins. — Il suffit d'étendre, au moyen d'un pinceau, une légère couche d'hydrosulfure d'ammoniaque. Ce procédé est employé depuis longtemps à la bibliothèque d'Oxford. Je l'ai toujours employé avec succès (M. *Alcius Ledieu*, conservateur de la bibliothèque d'Abbeville).

Moyen de dessiner sur la toile à calquer. — On prend une poignée de gros son chez le boulanger et on le promène en tous sens en appuyant légèrement sur la toile, celle-ci se dégraisse sans perdre aucune de ses qualités de transparence et de résistance. On peut ensuite promener impunément en tous sens le tire-lignes, ou le balustre : l'encre de

Chine adhère et coule avec une grande facilité sans qu'on ait à redouter les inconvénients de la résine ou de la sandaraque qui n'est qu'une variété de résine.

Dans certains bureaux de dessin on se sert de la gomme dure dite gomme à gratter, mais celle-ci, en raison du verre pilé qu'elle contient, raye la toile et souvent la coupe comme avec la pointe d'un canif (M. *Y. Guédon*, à Paris).

Appareil pour fixer les T sur les planches à dessin. — Les architectes et les ingénieurs, quand ils se servent de grandes planches à dessin, savent

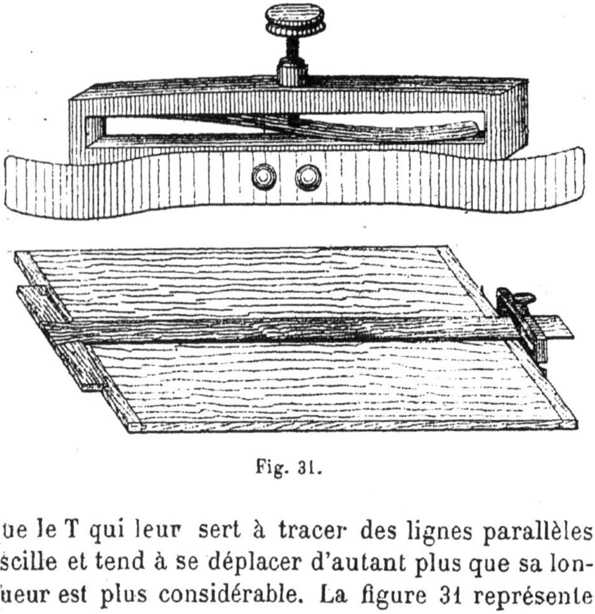

Fig. 31.

que le T qui leur sert à tracer des lignes parallèles oscille et tend à se déplacer d'autant plus que sa longueur est plus considérable. La figure 31 représente un petit appareil imaginé par M. Morin pour éviter cet inconvénient. C'est une mâchoire métallique dans laquelle on peut serrer avec une vis et un ressort l'extrémité de la règle plate du T. Un autre ressort, fixé sur le côté du petit appareil, lui permet d'être solidement fixé contre le rebord de la planche à dessin. A la partie inférieure de notre figure 31, nous avons figuré un T muni de cet appareil.

Cartes, tableaux pour l'enseignement; leur fabrication. — Un instituteur consciencieux prépare souvent pour sa classe de longs travaux au tableau noir. Après la classe il faut effacer, et toute cette peine est perdue.

Voici un procédé que l'on emploie beaucoup à l'orphelinat Prevost et dont les maîtres se trouvent fort bien. On prend du papier bulle de *phormium* extrêmement tenace, soit en rouleau de $1^m,10$ de large, soit en double raisin, $1^m \times 0^m,65$ qui revient environ à 10 centimes le mètre carré. Les couleurs sont faites avec du noir de fumée, de l'ocre rouge, du bleu de Prusse, délayés avec de la gomme ou de la dextrine.

Pour incorporer le noir de fumée, on en fait d'abord une pâte avec du vinaigre qui le pénètre tandis que l'eau seule ne le mouillerait pas.

Avec ces mélanges et des brosses de peintre, on écrit sur le papier aussi vite qu'avec la craie sur le tableau, et le travail fait se conserve.

Ainsi l'on peut avoir, au lieu d'une belle carte à tout faire une série de cartes ne contenant chacune que ce qui se rapporte à la question traitée; on peut avoir des tableaux numériques, des tableaux de grammaire ou de lexicologie, des diagrammes, des dessins suffisamment compliqués mais ne dépassant pas ce que des élèves peuvent reproduire.

Au haut et au bas de tableaux ainsi faits, on fixe à la colle de pâte, une baguette d'environ 2 centimètres de large sur un demi d'épaisseur dépassant de chaque côté de quelques centimètres.

Avec le papier sans fin on fait des rouleaux de grande longueur contenant par exemple un travail étendu ou tout ce qui se rapporte à une leçon ou à une série de leçons. Il faut avoir alors fixé à un mur de la classe ou sur une monture spéciale, généralement au-dessus du tableau noir, un petit treuil entouré par une corde sans fin, comme les stores de fenêtre, sur lequel on enroule ou déroule le tableau de la main gauche pendant que la main droite tient la baguette indicatrice.

COLLES, CIMENTS ET MASTICS

COLLES.

Colle pour faire adhérer du papier sur de la tôle. — Gachez du plâtre avec de la colle-forte assez liquide de manière à obtenir un mélange homogène, pas trop compact, de façon à pouvoir encore être étendu avec une brosse assez rude. Agir rapidement afin d'éviter autant que possible le refroidissement. Ce procédé, auquel je suis arrivé il y a quelque temps, permet de faire adhérer non seulement du papier fort, mais même du carton de toute épaisseur, sur de la tôle de fer ou sur du marbre (M. *Vandevyver-Grau*, à Gand).

Colle au fromage. — Voici une recette donnée autrefois par le *Petit journal* (*auctore* Valyn) sur la colle au fromage : « Enfermez dans un morceau de toile du fromage blanc mou ; pétrissez-le, dans de l'eau chaude, jusqu'à ce que vous ayez la certitude d'en avoir expulsé toutes les parties humides. Laissez-le ensuite sécher entièrement, en l'exposant à l'air sec, réduisez-le en poudre : pesez celle-ci et mélangez-la, par trituration, avec 1/10 de chaux vive, également pulvérisée. Pour la conserver, mettez cette poudre dans un flacon bouché à l'émeri. Avez-vous à en faire emploi? Délayez-en quantité suffisante, avec très peu d'eau, de manière à obtenir une pâte de consistance convenable. Appliquez cette pâte sur les surfaces à coller; serrez. Les solutions de continuité seront rejointes de façon indestructible. »

Autre colle au fromage pour les bois. — Voici une recette de colle au fromage (caséine) que nous employons depuis bien des années dans notre usine pour réunir des planches en bois de poirier et sapin qui résistent parfaitement à des séjours prolongés dans l'eau.

4 kilogrammes de caséine en poudre (lactarine).

16 litres d'eau à froid.

300 grammes de chaux, éteinte dans 8 litres d'eau à chaud.

Broyer pendant une heure et demie à deux heures, puis ajouter 64 grammes ammoniaque liquide.

La masse doit être employée promptement avant qu'elle ne se solidifie.

Quand les planches sont réunies ensemble par la colle, on les met sous presse pendant douze heures, plus ou moins, suivant la saison, pour augmenter l'adhérence (M. X...).

Colle à la caséine. — Il y a deux sortes de colles à la caséine : l'une est l'épaississant employé dans l'impression des tissus pour la fixation mécanique de certaines matières colorantes, telles que le carmin de cochenille, ou de poudres métalliques comme par exemple l'argentine ou étain pulvérisé; l'autre, qui est un véritable ciment, sert à l'imperméabilisation des tissus, etc., ou peut servir à réunir entre eux différents objets.

L'épaississant à la caséine, qui est en même temps une colle très adhérente, s'obtient en dissolvant la caséine en poudre, ou *lactarine*, dans de l'eau ammoniacale ; les meilleures proportions sont les suivantes :

Caséine en poudre.............	200 grammes.
Eau froide......................	1 litre.
Ammoniaque liquide............	40 grammes.

On délaye la caséine dans l'eau, et on ajoute peu à peu l'ammoniaque ; la caséine, qui est d'abord simplement en suspension, se dissout aussitôt en formant une colle bien homogène, que l'on peut délayer suivant les besoins dans de l'eau ordinaire, et qui se conserve si l'on prend la précaution d'y mélanger un antiseptique quelconque, tel que l'arsénite de soude, le phénol, le sublimé, etc. Cette colle est *instantanée* à condition de lui faire subir l'action d'une chaleur de 80° à 100°, soit au moyen d'un fer chaud, soit par un passage à l'étuve.

Le *ciment* à la caséine se prépare en opérant comme ci-dessus, mais en remplaçant l'ammoniaque par une quantité double ou triple d'un lait de chaux à 200 grammes par litre. Pour ce ciment, l'action de la chaleur est inutile ; la dessiccation pure et simple suffit à provoquer le durcissement. On sait que la tradition, dans beaucoup de nos provinces, prétend que la solidité exceptionnelle de certaines maçonneries datant du moyen âge provient de ce que les seigneurs, lorsqu'ils faisaient construire leurs châteaux, exigeaient de leurs serfs l'apport de tout le lait de leurs troupeaux pour en confectionner le mortier, destiné à ces constructions. Il va sans dire que, dans les recettes que nous venons d'indiquer, on peut remplacer la caséine en poudre par une quantité équivalente de fromage frais (M. *O. Picquet*, chimiste, à Reims).

Colle pour la mousseline destinée à supporter l'eau bouillante. — Le meilleur moyen pour coller de la mousseline destinée à supporter l'eau bouillante, c'est de préparer une épaisse solution de gélatine bichromatée, coller les sacs, les exposer à une vive lumière, laquelle insolubilise la colle. C'est le moyen employé par les Prussiens pour former les boyaux factices destinés à faire leurs saucisses de haricots, pour leurs soldats en campagne. Ils emploient du papier parcheminé, lequel enroulé sur un cylindre est collé par le moyen ci-dessus et les saucisses peuvent être cuites à l'eau bouillante (M. *Duc*, à Grenoble).

CIMENTS DIVERS.

Ciments pour coller le cuir, le caoutchouc, la gutta-percha. — On demande souvent des recettes de mélanges adhésifs pour coller le cuir, le caoutchouc soit l'un à l'autre, soit à d'autres substances comme le fer ou le bois. Je crois être agréable à bien des lecteurs en résumant ici toutes les recettes de ce genre qui ont été publiées, en France et à l'étranger, depuis une dizaine d'années. Elles sont relativement peu nombreuses et consistent toujours, soit à dissoudre à froid le caoutchouc et la gutta-percha dans des liquides appropriés de façon à obtenir une *colle*, soit à fondre les mêmes corps à l'aide de la chaleur en les mélangeant à d'autres substances destinées à augmenter le pouvoir adhésif : ce sont les *ciments*. Ces derniers conviennent surtout pour fixer le cuir ou le caoutchouc sur le bois, le fer, etc. ; ils manquent d'*élasticité*.

Voici les recettes de *ciments :*

1° Deux parties de poix noire (brai), une partie de rognures de gutta-percha ; fondre dans une cuiller en fer en remuant continuellement et couler en moules.

2° Caoutchouc vulcanisé dissous à chaud dans une cuiller avec de l'essence de térébenthine.

Cette dernière formule est mauvaise : la dissolution s'opère difficilement et le mélange s'enflamme constamment en dégageant une odeur infecte. Il vaut mieux employer du caoutchouc naturel ou de la gutta et les additionner, pendant la fusion, de résine, poix de Bourgogne, térébenthine de Venise, en proportions variables suivant la consistance que l'on désire obtenir.

La manière de se servir de ces compositions n'est indiquée nulle part et c'est du mode d'emploi cependant que dépend, en grande partie, le succès. Pour réussir, *il est indispensable que les parties à réunir soient préalablement chauffées*, puis on étend sur chaque partie séparément une couche de ciment au moyen d'un couteau dont on chauffe également la lame ; ensuite au moyen du gaz, d'une lampe à alcool ou d'un fer rouge, on chauffe de nouveau les parties à réunir de façon à liquéfier le ciment, et l'on réunit vivement en maintenant une forte compression pendant au moins vingt-quatre heures. On enlève les bavures avec une lame de couteau fortement chauffée.

Voici maintenant des recettes de *colles :*

1° Prenez 30 grammes de rognures de caoutchouc et placez-les dans un vase de fer-blanc étamé avec six ou sept fois leur poids de sulfure de carbone : faites digérer au bain-marie à 30°. Pour empêcher cette solution de devenir trop épaisse, mélangez-la avec une solution d'essence de térébenthine dans laquelle on aura dissous 15 grammes environ de rognures de caoutchouc sur un feu doux, en y mélangeant 8 grammes de résine en poudre et 40 à 60 grammes de térébenthine qu'on ajoutera par petites portions en remuant sans cesse le mélange.

2° Mettez dans une bouteille à large goulot du caoutchouc naturel, coupé menu et versez dessus de la benzine de bonne qualité (bien exempte de corps gras). Le caoutchouc gonfle immédiatement; en ayant soin de secouer la bouteille tous les jours, on obtiendra au bout de peu de temps un mélange de la consistance du miel. S'il reste un sédiment au fond du flacon, ajoutez de la benzine. Si, au contraire, la colle est trop claire, ajoutez du caoutchouc. Avoir soin de tenir la bouteille bien bouchée.

(Cette recette se trouve dans une foule de publications françaises, anglaises ou américaines ; on la recommande pour raccommoder les chaussures en caoutchouc, en cuir, etc.)

3° Dissolvez de la gutta-percha dans du chloroforme de façon à obtenir un mélange de la consistance du miel. Cette colle sèche en quelques minutes.

Chauffez ensuite les surfaces sur lesquelles vous avez appliqué le mélange et réunissez-les. Il paraît que les cordonniers américains emploient ce procédé pour appliquer de petites pièces de cuir sur les chaussures endommagées, et cela avec une telle perfection qu'on ne peut découvrir la trace du raccommodage.

4° De la gomme laque en poudre est ramollie dans dix fois son poids d'ammoniaque : on obtient ainsi une masse transparente qui devient liquide au bout de quelque temps (trois à quatre semaines) sans qu'il soit nécessaire d'ajouter de l'eau chaude. Cette mixture, appliquée sur le caoutchouc, le ramollit. Aussitôt que l'ammoniaque s'est évaporée, le caoutchouc durcit de nouveau et devient adhérent. Cette colle est très recommandée pour faire le caoutchouc en feuilles ou autrement sur le métal, le verre et autres surfaces lisses. Il sert aussi pour assurer l'imperméabilité des joints en caoutchouc qui unissent les conduites de vapeur, d'eau et de gaz (d'après *Blakelee's industrial Cyclopedia*. New-York, 1884).

5° Voici encore une recette très préconisée pour coller les courroies de transmission, etc. A 4 parties de sulfure de carbone, ajoutez un quart de caoutchouc et une demi-partie de gutta-percha coupée en petits morceaux : placez le tout dans une bouteille bien bouchée. La dissolution s'opère en douze heures environ, sans le secours de la chaleur. Les parties à joindre seront enduites d'une couche mince de cette colle : puis on laisse sécher quelques minutes et on chauffe jusqu'à fusion : on joint promptement et on martelle les parties pour bien chasser les bulles d'air. Il faut amincir en biseau les parties à joindre.

6° Enfin on peut essayer de la *glu marine* qui se

vend chez les marchands de produits chimiques sous deux formes, liquide et solide.

J'ai expérimenté la plupart de ces recettes (sauf celles dans lesquelles entre le sulfure de carbone). La réussite dépend beaucoup de la façon dont on les emploie, *du tour de main*, qui ne s'apprend que par l'habitude. Par exemple, la glu marine liquide colle bien le cuir ou caoutchouc, mais l'adhésion n'est complète qu'au bout de plusieurs semaines.

Pour réparer un tube en caoutchouc crevé, on peut, suivant la nature du dégât, enrouler autour une bande de baudruche, de caoutchouc en feuille dont on soude l'extrémité avec l'une des colles ci-dessus, ou simplement avec une flamme. Ou bien on coupe carrément le tube et l'on rapproche les deux bouts au contact sur un tube métallique prenant juste : on lie et on termine comme ci-dessus (Dr M...).

Ciment pour masquer les défauts de la fonte. — Faites une pâte épaisse de ciment de Portland et de silicate de soude et pressez-la dans les défauts de la fonte en mélangeant à cette pâte de la limaille de fonte tamisée très fine. Le ciment à prise prompte durcit plus vite que le portland, mais est loin de devenir aussi dur (M. *Alfred Langer*, ingénieur-mécanicien, à Serrières).

Mastics pour boucher dans la fonte les soufflures occasionnées par un mauvais coulage. — Il existe trois sortes de mastic pouvant servir à pareille fin ; en voici les recettes :

1° *Mastic* (dit *mastic de fonte*).

Cire, 2 parties; fleur de soufre, 2; ardoise, 1; graphite, 1; limaille de fonte, 5.

Faire fondre d'abord la cire, puis y ajouter l'ardoise, le graphite et la limaille, enfin, en dernier lieu, le soufre. Le tout doit être fait sur un feu doux, sans flamme, afin que le soufre ne prenne pas feu, car tout serait à recommencer. L'ardoise et le graphite doivent être pulvérisés et passés dans un tamis très fin.

2° *Mastic* (dit *mastic de fer*).

Soufre, 1 partie; limaille de fer, 60 parties. Faire du tout une pâte avec de l'eau contenant 2 parties de chlorhydrate d'ammoniaque et un sixième de vinaigre ou d'acide sulfurique étendu.

Ce mastic peut supporter une grande pression. On s'en sert pour assembler les conduites d'eau, les tubes à vapeur, etc. En quelques jours, il devient très dur.

3° *Mastic* (dit *mastic réfractaire*).

Limaille de fer, 4 parties ; argile, 2; pâte à cazettes pour la cuisson de la porcelaine, 2.

Délayer avec de l'eau contenant du chlorhydrate d'ammoniaqne, mettre en place et presser fortement.

Ce mastic, comme son nom l'indique, sert pour les pièces exposées à une températnre élevée.

Autre moyen de fermer les soufflures de la fonte. — Dans les pièces à frottements soumises à une certaine température et graissées à l'huile minérale, étamer la soufflure après l'avoir préalablement bien nettoyée et chauffée en appliquant dessus des mises de fer rougies; après l'étamage, couler, quand la pièce a encore sa chaleur, du régule d'antimoine.

Quand la pièce n'est pas soumise à la chaleur ni à l'emploi d'huile minérale, j'emploie le procédé suivant. Je nettoie la soufflure au sel ammoniac, dissous dans l'eau, je chauffe un peu par des mises en fer rougies et j'applique au fer à souder, comme de la soudure ordinaire, une soudure composée de cire jaune ordinaire et de limaille de fonte tamisée mélangée ensemble et que je coule en bâtons; après application, la teinte est la même que celle de la fonte ordinaire.

Quand, à l'endroit d'un jet, la fonte est devenue poreuse, j'y mets un peu de limaille de fonte tamisée très fine, mise en bouillie dans du sel ammoniac dissous additionné de fleur de soufre en petite quantité (M. *Henri Béliard*, à Paris).

Soudure électrique. — On peut boucher les trous superficiels provenant d'un mauvais coulage de la fonte de fer, en employant la soudure électrique. S'adresser au siège social de la Société pour la soudure électrique des métaux, 13, rue Lafayette, à Paris. Directeur, M. Aclocque. Le procédé est employé pour le même usage, et avec le plus grand succès, au Creuzot, chez MM. Schneider et Cie (M. *Pierre Legrand*, à Paris).

Procédé pour cimenter le verre aux garnitures métalliques. — Voici, d'après M. Kratzer, les diverses recettes à employer; 1° fondre ensemble :

160 grammes de colophane finement pulvérisée; 40 grammes de cire blanche; 80 grammes de rouge anglais(*caput mortuum*). Ajouter à la masse liquéfiée 20 grammes de térébenthine de Venise; éloigner du feu et remuer constamment le tout avec une spatule de bois jusqu'à refroidissement. 2° Cimenter les parties chauffées avec de la bonne cire à cacheter, pas cassante surtout (on peut prendre ainsi la cire ordinaire en y ajoutant un peu de térébenthine). 3° Mêler, à poids égal, de la laque en tablettes et de la pierre ponce très finement pulvérisée; étendre à chaud. 4° Mélanger 10 parties de poix-résine et 1 partie de cire blanche; fixer le verre avec la masse ainsi formée. On peut ainsi se construire soi-même des aquariums, des cuvettes de lavage, etc., pour la photographie, et quantités d'autres ustensiles d'un usage courant.

Enduit de maçonnerie pour eaux acides. — On nous a demandé à plusieurs reprises des renseignements sur « *la composition d'un ciment ou enduit analogue pouvant résister à des eaux chargées d'acide sulfurique marquant 2 à 3 degrés, le portland et produits semblables ne remplissant qu'imparfaitement ce but* ».

Nous sommes en mesure de répondre à cette question par suite d'expériences personnelles suivies d'une réussite satisfaisante. Il est vrai que les ciments dits de Portland ne conviennent pas pour enduire des réservoirs destinés à contenir des eaux acides. Au bout de peu de temps le ciment est rongé et laisse à nu les murs qu'il devait protéger. Nous avons remarqué le même fait pour des maçonneries dans des cuves à laver contenant des lessives chargées en potasse ou en soude. Mais le résultat est tout différent, si l'on emploie pour les mêmes enduits du ciment de Vassy dit Gariel, à prise rapide. Ce dernier résiste longtemps à des eaux acides même concentrées et aux eaux fortement alcalines, mais à une condition toutefois, c'est d'être appliqué pur, sans mélange d'aucun sable ni gravier pour la constitution du mortier.

Il suffit, après que les murs à enduire ont été soigneusement dressés par une première couche de mortier de ciment, de recouvrir le tout d'une dernière couche d'environ 1 centimètre d'épaisseur avec un mortier de ciment de Vassy, gâché simplement avec assez d'eau pour avoir une pâte ni trop ferme ni trop liquide et appliqué vivement, à cause de la prise rapide du ciment. Ce n'est pas très facile au premier abord, surtout quand il s'agit d'enduire de grandes surfaces, mais avec un peu d'exercice, en employant des ouvriers habitués à manier le ciment, on y arrive sans trop de difficulté, et on obtient des réservoirs très résistants pour les eaux acides même chaudes. Il faut avoir soin de ne pas gâcher trop de ciment à la fois et employer assez d'ouvriers pendant la pose, pour que pendant que les uns posent une gâchée, d'autres en préparent une autre afin d'éviter toute interruption dans le travail. Les reprises se soudent très bien après les arrêts inévitables, en cas d'une application assez considérable, en dégradant la dernière arrête laissée et la mouillant avant de continuer avec le nouveau mortier à la suite, comme cela se pratique du reste pour tous les enduits en ciment quelconque.

Une particularité que je signalerai en terminant, c'est que ce même ciment de Vassy, qui possède la supériorité ci-dessus sur celui de Portland, lui est de beaucoup inférieur lorsqu'il s'agit de matières grasses. L'huile de toute nature ramollit le ciment de Vassy au point de le réduire en bouillie et le rend tout à fait impropre à enduire les réservoirs à huile, tandis que les enduits en ciments de Portland résistent indéfiniment et conservent leur dureté et leur imperméabilité en présence de corps gras, comme avec de l'eau ordinaire. Il nous est arrivé de sceller des boulons de paliers dans des pierres de fondation avec du ciment de Vassy à défaut de soufre, et après très peu de temps, l'huile qui séjournait au pied des supports avait complètement ramolli ces scellements, tandis que, faits en ciment de Portland, ils n'étaient nullement dérangés après plusieurs années (M. *E. Esteulle*).

Enduit noir pour enseignes de métal. — Pour remplir le creux des lettres gravées sur les enseignes et plaques de porte en laiton, on prépare un enduit d'un beau noir en mélangeant de l'asphalte, de la laque brune et du noir de fumée. On remplit le creux des caractères dont on nettoie ensuite les bords avec de l'essence de térébenthine.

Enduit pour les citernes. — Quand l'enduit des citernes n'est pas fait avec du ciment de Portland bien pur, il arrive assez souvent que la chaux qui entre dans le mortier se dissout dans l eau en quantité assez considérable. On y remédie en couvrant les parois de la citerne d'une couche de paraffine fondue que l'on y fait pénétrer ensuite en y passant un fer chaud ou en les exposant au feu d'un réchaud. Ce procédé a en plus l'avantage de rendre le mortier inattaquable par l'eau et d'assurer sa conservation.

Composition anti-corrosive et anti-incrustante. — On fait bouillir ensemble 30 kilogrammes de cornes et de sabots de bétail ou d'une autre substance gélatineuse quelconque;

3^k,750 de mousse irlandaise ou lichen;

3^k,750 de soude caustique ou cendre de soude, et l'on ajoute à ce mélange 68 litres d'huile claire de créosote (*Brevet Metcalf*).

Résistance des dallages de ciment. — Quoique le ciment soit fréquemment employé pour la confection de dallages devant résister à l'usure produite par le frottement des pieds ou des véhicules roulants, on ne possède que très peu de renseignements sur la résistance que possèdent à ce point de vue les différentes sortes d'agglomérants. Il semblerait que la résistance à l'usure ne dépend pas forcément de la résistance à l'arrachement ou à l'écrasement déterminés suivant les méthodes habituelles. En d'autres termes, ce n'est pas nécessairement le ciment le plus tenace qui est le plus dur. La nature et la qualité du sable ont également une grande influence, mais si on fait une série d'essais, avec un sable identique, sur un grand nombre d'agglomérants différents, on élimine l'action particulière du sable pour n'avoir plus à considérer que la résistance propre de l'aggloméraant. M. Bohme a recherché dans cet ordre d'idées quelle est la proportion de sable et de ciment qui donne la plus grande résistance à l'usure. Les résultats qu'il a obtenus, avec vingt-huit agglomérants divers, ont prouvé que cette proportion varie avec la nature de l'agglomérant de 1 pour 1 à 1 pour 2. Dans la plupart des cas, le meilleur mélange a été de 1 de ciment pour 1,5 de sable. Tel est le dosage qu'il conviendrait d'employer pour un ciment dont les propriétés n'ont pas été étudiées spécialement. La résistance à l'usure du ciment pur est en moyenne la même que celle du mortier, composé d'une partie de ce ciment pour 35 parties de sable. Ce rapport varie cependant fortement; dans les essais précités, il a été au minimum de 1 à 2, et au maximum de 1 à 5 (*Moniteur de la céramique*).

Cire pour cacheter les bouteilles. — Pour goudronner 160 bouteilles, l'on prend 250 grammes de cire jaune et 60 grammes de mastic rouge; lorsque le tout est placé sur le feu, on agite avec une spatule de bois et l'on ne retire que lorsque le mélange est complètement fondu et mélangé. On peut remplacer les 126 grammes de cire jaune par 45 grammes de suif. On peut varier les couleurs en introduisant dans le mélange une vingtaine de grammes d'ocre jaune, d'ocre noir ou de charbon. On tient la composition en fusion sur un réchaud et on y trempe le goulot des bouteilles.

VERNIS POUR BOIS, POUR MÉTAUX, ETC.

Vernis à l'épreuve de l'eau. — On obtient un bon vernis à l'épreuve de l'eau pour papier en faisant digérer pendant quinze jours une partie de gomme Damar et six parties d'acétone dans un flacon bien bouché. On décante alors la partie limpide et l'on y ajoute quatre parties de collodion. On laisse éclaircir le tout par le repos. Ce vernis peut être utilisé pour la confection d'ustensiles de ménage (*Le Moniteur de la photographie*).

Vernis pour le fer.

Résine	750 grammes.
Sandaraque	1 kilogr.
Laque en grains	375 grammes.
Dissolvant hydrocarbure éthylé	10 litres.

Vernis d'or pour métaux. — On prépare séparément une dissolution de gomme-gutte et une de sang dragon, et on ajoute, jusqu'à ce qu'on ait obtenu la coloration désirée, à un vernis composé de :

Laque en grains	2	parties.
Sandaraque	4	—
Résine élémi	4	—
Alcool	40	—

Vernis noir pour métaux.

Brai des huiles de houille.............	1 partie.
Huile de houille légère...............	3 parties.

Tous ces vernis doivent subir le polissage pour avoir une surface régulière et miroitante. Ce polissage s'exécute en frottant le vernis d'abord avec un feutre qui a été plongé humide dans de la poudre de pierre ponce lévigu ée, ensuite avec du tripoli lévigué et avec de l'huile d'olive, et enfin avec de l'amidon de froment qui enlève complètement l'huile. On peut facilement préparer soi-même tous ces vernis, ou on pourrait les commander à une maison de vernis qui, je crois, exécuterait le vernis désiré. Maison Lagèze et Cazes, fabricants de vernis, 32, rue du Temple (M. *E. Dupré*, ingénieur chimiste à Paris).

Vernis noir pour le fer.

Bitume de Judée......................	1^{k},250
Huile................................	1 litre.
Essence de térébenthine..............	3 —

Vernis pour empêcher le fer de se rouiller. — Prendre du vernis gras à la résine copal de bonne qualité, l'étendre dans deux fois son volume d'essence de térébenthine et avec une éponge fine ou un pinceau fin en mettre une couche très mince sur les objets à protéger, puis laisser sécher spontanément. Il faut, pour que le procédé réussisse, que le fer ne soit pas rouillé.

Vernis pour les vieux bois. — On fait dissoudre une certaine quantité de cire blanche dans une quantité suffisante d'essence de térébentine, de manière à former un mélange pâteux; on enduit les vieux bois avec ce mélange au moyen d'une petite brosse et on frotte ensuite avec un linge ou de la flanelle.

Vernis pour les meubles précieux. — Faire dissoudre au bain-marie dans un litre d'esprit-de-vin :

125 grammes		de sandaraque.
62	—	de gomme laque.
62	—	de mastic.
31	—	de résine élémi.

Ajouter à la fin 62 grammes de térébenthine de Venise.

Ce vernis étendu est d'un excellent effet.

Vernis au coaltar. — Le vernis au coaltar, plus connu sous le nom de *vernis anglais*, n'est qu'un simple mélange, à la température ordinaire, de 100 parties en poids de goudron de gaz (coaltar), 10 parties d'huile de pétrole et 3 parties d'essence minérale. On porte la proportion d'essence à 4 ou 5 p. 100 si l'on veut obtenir un vernis siccatif (M. *H. Magunna*, à Saintes. Charente-Inférieure).

Enduit pour réservoirs à pétrole, essences, etc. — M. Molyneux, de Londres, a composé un enduit pour badigeonner l'intérieur des réservoirs ou récipients quelconques destinés à l'emmagasinement ou au transport du pétrole, de l'essence de térébenthine et autres produits de même espèce. Il fait un mélange d'oxyde de fer, de ciment de Portland et de litharge, et le délaye dans une dissolution alcoolique de gomme laque additionnée d'une dissolution de gomme arabique dans la glycérine.

MÉTAUX

LA ROUILLE.

Moyens de garantir de la rouille le fer et l'acier. — Verser dans un vase de terre vernissé :

Axonge	250	grammes.
Camphre pulvérisé	16	—

Faire fondre ce mélange au bain-marie. Le camphre étant entièrement dissous, retirer le vase du bain-marie, ajouter de la mine de plomb en quantité suffisante pour donner à la graisse la couleur du fer. On enduira avec cette composition pendant qu'elle sera chaude les objets qu'on veut préserver de la rouille. Quelques instants après, on les essuiera avec un linge mou. Ainsi préparés, ils sont inaltérables.

Pour enlever la rouille des objets nickelés. — Par suite de la grande extension qu'a prise le nickelage, il peut y avoir intérêt à connaître un moyen pratique pour enlever la rouille qui se montre sur les objets nickelés. On graisse d'abord la surface rouillée et on la frotte quelques jours plus tard avec un chiffon imbibé d'ammoniaque. Si quelques taches subsistent, on y met avec précaution un peu d'acide chlorhydrique étendu qu'il faut de suite essuyer. Ensuite on lave à l'eau et, une fois la surface sèche, on la polit avec du tripoli.

ENTRETIEN DES ARMES.

Graisse verte pour l'entretien des armes.

Huile d'olive....................	100 grammes.
Graisse de mouton..............	50 —

On fait fondre la graisse, on décante, puis on verse l'huile jusqu'à solidification ou formation d'une pommade.

Moyen d'empêcher les armes de se rouiller. — Broyez ensemble et par parties égales de la fleur de soufre et du tripoli, mouillez cette poudre avec de l'huile à manger ; prenez une curette de bois tendre ou un morceau de peau de chamois que vous tremperez dans la préparation ci-dessus et frottez les parties attaquées par la rouille. Par ce moyen vous n'aurez pas à craindre les rayures. Après avoir nettoyé l'arme, il suffira, pour la préserver de la rouille, de la graisser avec un linge humecté d'huile de pétrole bien rectifiée ou de la vaseline.

SOUDAGES ET SOUDURES.

Soudage de l'acier fondu (procédé rustique). — L'acier fondu est réputé insoudable parce qu'à la température du rouge blanc, à laquelle il faut arriver pour que le sable argileux projeté se combine avec la scorie métallique, l'acier n'a plus de corps pour résister à la pression et qu'il perd ses qualités par suite de sa décarburation presque complète, ce qui le rend très doux.

Composition : 61 parties de borax et 17,25 parties de sel ammoniac, le tout pulvérisé, mélangé et chauffé dans un vase en fer ou en porcelaine jusqu'à ce que l'eau de cristallisation du borax dissolve le sel ammoniac. Aussitôt que l'on ne perçoit presque plus l'odeur du gaz ammoniac qui se dégage, on verse une petite quantité d'eau équivalente à celle évaporée, puis on ajoute successivement 16 parties 3/4 de ferrocyanure de potassium et 5 parties de colophane.

On continue à agiter jusqu'à consistance devenue plastique par la combinaison de la colophane avec la masse et l'on verse sur une plaque de tôle, en couche de 12 millimètres d'épaisseur, aussitôt que l'on sent l'odeur du cyanogène.

Le produit ainsi obtenu en petites tablettes bientôt refroidies, surtout si on les retourne, durcit rapidement et peut se conserver indéfiniment sans altération ; on le réduit en poudre au moment de s'en servir, et on le projette sur les points à souder, qui n'ont plus besoin d'atteindre que la température du rouge jaune au rouge clair.

C'est l'acide borique qui constitue l'élément fusible pendant que le ferrocyanure de potassium est là pour restituer le carbone enlevé par la scorie, et aussi l'azote que l'on suppose exister dans l'acier (M. J. *Schweitzer*, à Nancy).

Soudure de l'étain à la fonte. — Pour souder l'étain à la fonte, il faut : 1° nettoyer la fonte avec le plus grand soin de façon à ne laisser aucune trace d'oxydation ; 2° l'imprégner d'esprit de sel préalablement décomposé avec un peu de zinc ; 3° faire chauffer la pièce jusqu'au moment où, par le contact, l'étain fondra ; 4° retirer la pièce et souder l'étain comme à l'ordinaire. Ce procédé, très connu de tous les ouvriers, est employé chaque jour dans les usines (M. *Myrtil Varlet*, à Paris).

Souder le fer avec la fonte, ou la fonte sur la fonte. — Pour souder le fer avec la fonte, on a recommandé le procédé suivant : on fait fondre de la limaille de fonte très douce avec du borax calciné dans un creuset ; on concasse en poudre grossière le verre noir qui en résulte, et on le répand sur les parties qu'on veut réunir entre elles ; on chauffe la pièce, on la porte promptement sur l'enclume et on favorise la soudure par de légers coups de marteau. Cette méthode peut servir dans la fabrication de toutes pièces en tôle noire qui doivent être chauffées au rouge et ont besoin d'être imperméables à l'air ou aux liquides, ce qu'on ne peut obtenir par un simple agrafage (M. *J. Schweitzer*, à Nancy).

COLORATION DES MÉTAUX.

Coloration en bleu de l'acier. — Pour donner la nuance bleu-noir à l'acier sans passer les pièces au feu, voici la formule dont je me sers : alcool, 30 grammes ; acide nitrique, 15 grammes ; sulfate de cuivre, 8 grammes ; eau, 125 grammes. On étend cette solution sur le métal préalablement bien nettoyé et en ayant soin de ne plus le toucher avec les mains grasses. On laisse sécher et on frotte fortement avec un chiffon de laine. On obtient ainsi un noir très brillant et très solide (M. *C. Allard*, à Saumur).

Coloration du fer en bleu. — On colore le fer en bleu de la manière suivante : on mélange une solution de 140 grammes d'hyposulfite de soude à une autre solution de 35 grammes d'acétate de plomb dans un litre d'eau. On chauffe ce mélange jusqu'à l'ébullition et on y plonge l'objet en fer, qui prendra la teinte bleue que l'on obtient dans les fours à recuire. On sèche ensuite la pièce après l'avoir lavée avec soin à l'eau tiède, dans de la sciure de bois.

Patines cornées. — Pour obtenir les patines cornées, il faut faire usage de la trempe au paquet. Pour cela on se sert d'une boîte de tôle dans laquelle on a mis : 1° les pièces à tremper ; 2° un mélange à parties à peu près égales de sel, suif, os de mouton calcinés puis pulvérisés, urine, qui fait bouillie avec le tout. On met la boîte fermée au feu et on chauffe au rouge blanc, et quand elle a atteint cette température, on la jette brusquement dans l'eau froide préparée d'avance. Les nœuds des os conviennent mieux que les autres parties. Mon père, qui a été armurier assez longtemps et de qui je tiens cette recette, m'a assuré que cela réussissait bien : d'ailleurs il est facile d'essayer (M. *Paul Gérans*, à Saint-Étienne).

Procédés pour colorer le cuivre et tous les objets nickelés. — On obtient facilement sur le cuivre, bien décapé, *onze colorations* diverses et *huit* sur le nickelage de tous métaux par un bain au trempé suivant :

Acétate de plomb................	20 grammes.
Hyposulfite de soude............	60 —

On fait dissoudre ces deux produits dans un litre d'eau; on chauffe jusqu'à l'ébullition et on y trempe ensuite les pièces en cuivre, préalablement décapées, ou en tous métaux nickelés. On obtient d'abord une couleur *grise* qui passe, en continuant l'immersion, au violet et successivement aux teintes marron, rouge, etc., pour arriver au *bleu*, qui est le dernier ton.

Il faut une certaine habitude pour obtenir, à point nommé, une teinte intermédiaire déterminée ; une fois obtenue, on passe dessus une couche légère de vernis mixtion blanc qui a pour but de conserver la coloration.

Les produits entrant dans la composition de ce bain ne coûtant que 5 centimes par litre, le prix de revient est tout entier dans la main-d'œuvre et les soins exigés. Ce procédé est surtout appliqué pour la fabrication des boutons (*Journal des applications électriques*).

NETTOYAGE ET OXYDATION DES MÉDAILLES.

Manière de nettoyer les médailles. — Pour le nettoyage des vieilles médailles en bronze recouvertes d'oxyde de cuivre, il suffit de les tremper dans une eau contenant en dissolution 5 p. 100 d'acide oxalique et 3 p. 100 d'acide sulfurique à 66° B. Si l'on veut ensuite leur rendre le brillant, on n'a qu'à prendre un peu de la solution précédente sur un linge, mettre sur la médaille une pincée de tripoli de Venise et frotter, ou bien encore se servir d'un des nombreux produits actuellement dans le commerce sous les noms de brillant belge, pommade magique, etc., et qui sont tous un mélange, en proportions variées, d'un acide, d'un corps gras et d'une poudre à polir. Presque tous ces produits se valent et sont, ma foi, très bons (M. *Ernest Blot*, à Paris).

Imitation des médailles antiques. — On obtient une belle oxydation imitant les médailles antiques sur les pièces en bronze en les mettant pendant quelque temps dans un peu d'urine dans laquelle on a fait dissoudre du sel ammoniac (M. *A. Traus*, à Metz).

Oxydation des médailles. — On peut oxyder des pièces de bronze en les mouillant avec un bout de toile trempé dans un peu de pétrole; l'oxydation a lieu dans un temps prolongé (M. *N. Hépites*, à Bucharest).

TREMPE. — ÉTAMAGE, ETC.

La trempe jaspée. — La trempe dite jaspée s'obtient en chauffant au rouge les pièces préalablement décapées et en les plongeant brusquement dans de l'eau froide. On doit, avant de les chauffer, entourer ces pièces d'une couche de vieux débris d'os. En chauffant l'acier ou le fer avec des os ou de l'ivoire, il se produit une sorte d'oxydation qui donne à la pièce cette teinte jaspée.

Ressorts étamés. — Le journal *Industries* mentionne une expérience curieuse qu'un manufacturier de Birmingham a eu récemment l'occasion de faire. Il s'agissait d'étamer quelques ressorts en acier, en forme de C, d'environ un demi-pouce de large. Antérieurement, on avait fabriqué une grande quantité de ces ressorts en les galvanisant au lieu de les étamer, et on avait trouvé très facile de déposer la couche de zinc, en réglant la trempe de manière à conserver le degré de trempe voulu après la galvanisation. On avait également pensé que l'étamage aurait pour effet de diminuer la vivacité de la trempe, et c'est précisément le contraire qui est arrivé. En effet, après avoir trempé les ressorts à vif dans l'huile, puis les avoir ramenés au degré qu'on croyait convenable, on pratiqua l'étamage. On constata que les ressorts étaient devenus si cassants, que la moindre pression suffisait pour les briser. On a imaginé le procédé suivant qui a bien réussi. On chauffe les ressorts au blanc et on les trempe à vif dans l'huile, puis on les met de côté pendant un jour. En les recuisant au rouge sombre, et en les étamant ensuite, on a obtenu le degré voulu de trempe.

Nouveau procédé d'étamage. — Ce procédé, dû à MM. Borthel et Moller, de Hambourg, s'applique à l'étamage des ustensiles de cuisine et de ménage en fonte. Il remplace l'outillage qui est quelquefois dangereux. Il convient également pour protéger, contre la rouille, le fer et la fonte employés en architecture; il remplace dans ce cas la galvanisation ordinaire où la couche protectrice est, comme on sait, une couche de zinc. Quand on veut étamer dans la fonte d'une manière parfaitement régulière, on commence par recouvrir la fonte d'un dépôt de fer chimiquement pur, obtenu de la manière suivante : on compose un bain en mélangeant une dissolution de 600 grammes de sulfate de fer dans 4 litres d'eau avec une dissolution de 2 400 grammes de carbonate de soude dans 5 litres d'eau. Il se forme un précipité de carbonate de fer que l'on dissout, par petites quantités, dans l'acide sulfurique concentré jusqu'à ce qu'on obtienne une liqueur verte. On ajoute alors 20 litres d'eau et l'on a un bain acide capable de teindre en rouge le papier bleu de tournesol. Les objets à recouvrir d'une couche de fer sont placés dans le bain à l'extrémité d'un conducteur électrique relié au pôle négatif d'une dynamo ou d'une pile, tandis qu'on met dans le bain, en les reliant de même au pôle positif, une certaine quantité de fonte de fer ou de minerai de fer. En faisant passer le courant, les objets placés au pôle négatif se recouvrent d'une couche de fer dont l'épaisseur est en raison de la durée de l'opération et de l'intensité du courant. On les lave à l'eau claire, on les sèche, on les plonge dans une dissolution ammoniacale de chlorure de zinc ou une dissolution de chlorure de zinc seul, puis dans un récipient rempli d'étain fondu. L'étain adhère énergiquement. Si la pièce est trop grosse pour pouvoir être plongée dans un bain d'étain, on opère le dépôt de l'étain galvaniquement. On opère de même quand il s'agit d'étamer le plomb ou autre métal fusible. Quant aux objets en fer, on les étame sans leur faire subir la première partie du traitement, c'est-à-dire sans les recouvrir d'une couche de fer chimiquement pur.

Action des huiles sur les métaux. — Voici des renseignements au sujet d'expériences très intéressantes faites en Amérique sur l'action des huiles sur les métaux, avec lesquels elles sont en contact prolongé, soit pour l'emmagasinement et le transport, soit pour le graissage des organes des machines.

Les expériences ont duré douze mois et ont donné des résultats d'une grande valeur pratique.

Les métaux soumis aux essais étaient d'abord nettoyés à fond avec de l'éther, puis séchés. On en prenait le poids et on les mettait dans des tubes fermés, pleins d'huile, que l'on maintenait pendant douze heures à une température moyenne de 27° environ pendant l'été et de 10 à 13° pendant l'hiver.

Voici quels ont été les résultats obtenus :

En ce qui concerne le fer, c'est l'huile de phoque qui agit le moins et l'huile de suif qui agit le plus.

Le bronze n'est pas attaqué par l'huile de colza. Il l'est très peu par l'huile d'olive, et beaucoup par l'huile de graine de coton.

Plomb. — Minimum d'action, huile d'olive; maximum, huile de baleine. Les huiles de baleine, de lard et de spermacéti agissent à peu près de même.

Le zinc semble être peu attaqué par les huiles minérales à graisser. — Minimum d'action, huile de lard; maximum, huile de spermacéti.

Cuivre : non attaqué par les huiles minérales à graisser. — Minimum d'action, huile de spermacéti ; maximum, huile de suif.

Le tableau ci-dessous résume ces expériences :

	Non attaqués.	Peu attaqués.	T. attaqués.
Huiles minérales.	Zinc et cuivre.	Bronze.	Plomb.
Huile d'olive.....		Étain.	Cuivre.
— de colza. .	Bronze et étain.	Fer.	Cuivre.
— de suif....		Étain.	Cuivre.
— de lard....		Zinc.	Cuivre.
— de graine de coton.		Plomb.	Étain.
— de spermacéti.....		Bronze.	Zinc.
— de baleine.	Étain.	Bronze.	Plomb.
— de phoque.		Bronze.	Cuivre.

En résumé, c'est l'huile minérale qui a le moins d'action sur les métaux soumis aux essais, et c'est l'huile de spermacéti qui en a le plus.

Pour graisser les tourillons des machines lourdes,

on mélangera l'huile de colza ou l'huile de spermacéti avec l'huile minérale, car elles ont peu d'action sur le bronze et la fonte qui servent généralement à faire les coussinets. L'huile de suif ayant beaucoup d'action sur le fer, on doit, autant que possible, en éviter l'usage (d'après le *Journal of chem.* et le *Moniteur scientifique*).

Les couleurs des métaux et des alliages. — M. W. Chandler Roberts-Austen, à Birmingham, a fait une expérience de cours très intéressante. Il a montré que l'or peut offrir trois couleurs tranchées : 1° la couleur jaune, bien connue, par réflexion ; 2° la couleur bleu verdâtre ; 3° la couleur *rouge rubis*, par transmission.

La couleur bleu verdâtre est celle que donne un faisceau de lumière blanche passant au travers d'une feuille d'or étalée sur une lame de verre.

La couleur rubis s'obtient en dirigeant le faisceau de lumière électrique au travers d'un tube contenant une solution très étendue de chlorure d'or (28 à 29 milligrammes de chlorure par litre) et à laquelle on ajoute une goutte de phosphore dissous dans le sulfure de carbone.

Il a montré ensuite l'alliage de cuivre et d'antimoine dont la nuance violette est à son maximum quand les deux métaux sont à poids égal.

Puis il a signalé deux alliages très employés au Japon :

	Shaku-dô.		Shibu-ichi.	
Cuivre	94,50	95,77	67,41	51,10
Argent	1,55	0,08	32,06	48,93
Or	3,73	4,16	trace.	0,12
Plomb	0,11	»	»	»
Fer	trace.	»	0,52	»
Arsenic	trace.	»	»	»
	99,89	100,01	99,90	100,15

Le shaku-dô a été employé pour de très grands ouvrages ; on en a fait des statues colossales. Une de ces statues fondue à Nara, dans le septième siècle, est particulièrement remarquable.

Le shibu-ichi présente de nombreuses variétés.

Les deux alliages ont cet intérêt que les métaux précieux sont sacrifiés, on peut dire, pour produire des résultats voulus : le shaku-dô reçoit l'or pour devenir susceptible d'une belle et riche couche pourpre, ou *patine*, lorsqu'on le traite par certaines solutions au vinaigre.

D'après des artistes japonais qui se trouvaient à Londres, l'auteur a appris que ces solutions employées bouillantes sont composées de :

	I.	II.	III.
Vert-de-gris	418 grains.	87 grains.	220 grains.
Sulfate de cuivre	292 —	437 —	540 —
Nitre	»	87 —	»
Sel commun	»	146 —	»
Soufre	»	233 —	»
Eau	4 lit. 543	»	4 lit. 543
Vinaigre	»	4 lit. 543	5 drachmes

La première est la plus employée.

Le cuivre pur bouilli dans le n° III devient d'un rouge brunâtre, le shaku-dô prend une belle couleur pourpre.

Avec une petite quantité d'antimoine, le cuivre donne une couleur très différente de celle du cuivre pur.

L'auteur donne ensuite des renseignements sur un assemblage par superposition des alliages dont nous venons de parler, entremêlés de couches d'or et d'argent. Ces assemblages à demi perforés en cônes, ou en cannelures, et battus jusqu'à faire disparaître les creux, produisent des effets très variés et remarquables (Extrait d'une conférence publiée par *Nature* de Londres et résumée par le *Moniteur scientifique*).

Graisse consistante destinée au graissage de machines. — M. Muller prépare de la manière suivante une graisse solide dénommée Bakourine, qui jouit d'un pouvoir lubrifiant extraordinaire, offre une réaction neutre et fond seulement vers 80-85°. On mélange 100 parties de pétrole de Bienne (Bienn-Petroleum) ou de naphte brut avec 28 parties d'huile de ricin ou d'une autre huile minérale, et l'on fait agir sur le mélange 60 à 70 parties d'acide sulfurique à 66° Baumé. Ce dernier est coulé en mince filet dans l'huile soigneusement agitée. On continue à remuer le mélange jusqu'à ce qu'il ne se rassemble plus, à la surface de la masse brun noir épaisse, de pétrole non incorporé. A ce moment on ajoute deux à trois fois le poids du mélange d'eau aussi froide que possible et l'on agite jusqu'à ce que la masse reparaisse d'un beau blanc et homogène. On laisse reposer pendant douze à vingt-quatre heures et l'on soutire le liquide aqueux clair sous-jacent. Après un nouveau repos de trois à quatre jours, on procède à un second soutirage, puis on neutralise soigneusement le produit avec de la potasse caustique. La Bakourine ainsi préparée est mise en fût.

PHYSIQUE ET ÉLECTRICITÉ

ÉCLAIRAGE.

Bougeoir à pétrole de M. Chandor. — Il existe un grand nombre de systèmes d'éclairage qui consistent à entraîner par un courant d'air des vapeurs d'essence légère de pétrole, et à brûler le mélange ainsi formé à la façon du gaz d'éclairage. Ces systèmes offrent certains inconvénients : l'essence de pétrole, légère, très volatile, émet des vapeurs à la température ordinaire et présente des dangers d'incendie; ces mélanges d'air et de vapeurs ne se prêtent pas bien au transport dans les distributions.

Quand la distance devient un peu considérable, et que les conduites sont exposées à une température peu élevée, il se produit des condensations qui dépouillent l'air des vapeurs nécessaires à la combustion.

Nous allons faire connaître une solution partielle très ingénieuse, due à M. Chandor, de New-York, l'un des premiers qui ait étudié, dès l'année 1880, le problème de l'utilisation économique pour l'éclairage d'un mélange d'air et de vapeur carburée. L'appareil de M. Chandor a des proportions minuscules.

c'est un petit bougeoir qui constitue, comme on va le voir, une véritable usine à gaz.

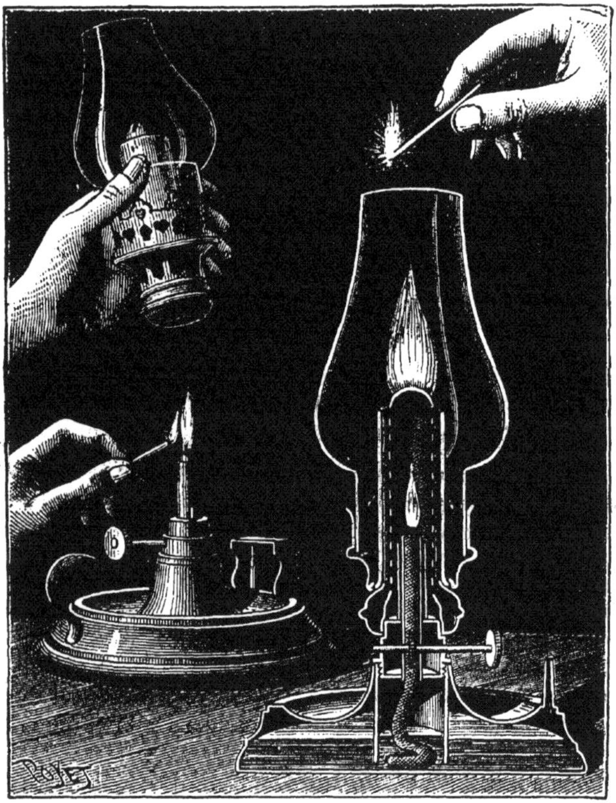

Fig. 32.

La partie inférieure du bougeoir est formée d'un réservoir à base plate d'une grande stabilité contenant du pétrole à 800 grammes. Ce réservoir reçoit à son centre un petit godet qui communique, à sa partie inférieure, avec la chambre principale de la lampe, de telle sorte que l'huile forme dans ce godet une mince couche dans laquelle plonge une petite mèche de coton. Cette mèche, passant dans une virole, brûle en veilleuse (voy. coupe de la fig. 32); ce n'est pas cette flamme minuscule qui est utilisée pour l'éclairage. L'accès d'air réservé, est trop faible pour que le pétrole s'y brûle complètement, mais il s'y consume assez cependant pour que l'élévation de température produite transforme en vapeur la majeure partie du pétrole. Au-dessus de la petite flamme de veilleuse, s'élève donc une colonne de gaz combustible qui s'échappe à travers un brûleur approprié où on l'enflamme à la façon du gaz de l'éclairage ordinaire. Le brûleur est muni d'une cheminée qui détermine l'appel d'air nécessaire.

Notre gravure représente, à gauche, le bougeoir de M. Chandor, au moment où l'on allume le brûleur en veilleuse; on voit, à droite, la lampe au moment de l'allumage définitif. Une coupe du système permet d'en comprendre les dispositions, d'après les descriptions antérieures. Le cylindre de toile métallique qui coiffe la petite flamme se place avec le verre de la lampe. L'allumage du mélange d'air et des vapeurs carburées se fait en approchant une allumette enflammée à la partie supérieure du verre (1).

La petite flamme intérieure continue à brûler, il

(1) Cet intéressant petit appareil a été présenté à la *Société d'encouragement*, et nous empruntons au Rapport fait par M. Ch. Bardy, au nom du Comité des arts économiques, quelques-uns des renseignements techniques qu'il contient.

se forme constamment un afflux de vapeurs combustibles, et le régime de la lampe se maintient sans variations pendant dix à onze heures, ce qui correspond à une dépense de pétrole d'environ 12 grammes à l'heure.

La fixité de la flamme ainsi que sa puissance lumineuse sont dues aux dimensions judicieuses données à la mèche, au cylindre en toile métallique, ainsi qu'à la cheminée en porcelaine ou métal qui déterminent une admission d'oxygène suffisante pour brûler complètement les vapeurs produites et incapable de refroidir la flamme et de provoquer par suite une lumière rouge et fumeuse.

D'après les expériences exécutées par M. Lefebvre, ingénieur chef de service de la compagnie du gaz, la bougie-heure Chandor coûte le tiers de la bougie stéarique. Il y a là une économie notable qui s'accentue encore en province, là où l'huile de pétrole est, comme on sait, d'un prix notablement moins élevé qu'à Paris.

Nous croyons que ce petit appareil est appelé à un grand succès, il supprime les dangers inhérents à la manipulation des essences volatiles en assurant la consommation économique de l'huile de pétrole. Par sa construction il rend impossible toute explosion.

Brûleur à gaz à allumage automatique. — Le système que nous allons faire connaître est très simple, et d'un emploi très pratique, puisqu'il permet d'allumer automatiquement un bec de gaz, en tournant un robinet de ce bec. Ce résultat est obtenu au moyen d'une petite flamme constamment allumée et brûlant en veilleuse. Cette flamme est si petite, que la quantité de gaz consommé est inappréciable; on l'évalue environ à 1 centimètre et demi par vingt-quatre heures (fig. 33).

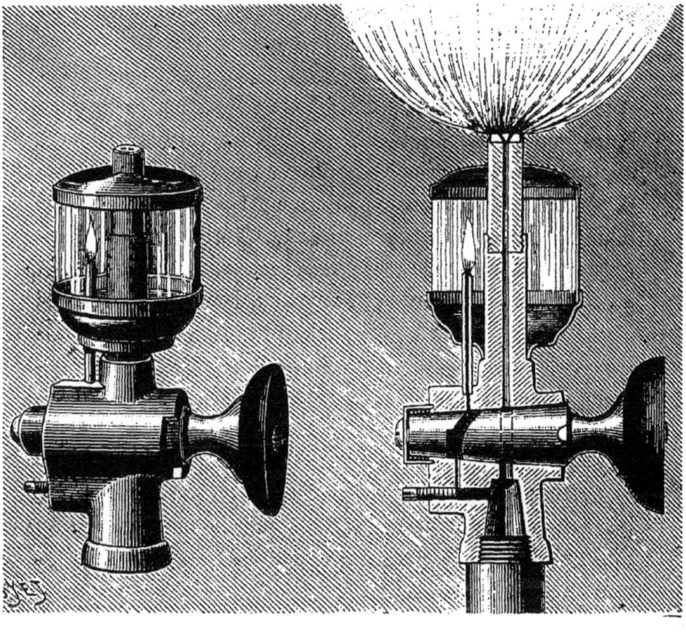

Fig. 33.

Pour se servir de l'appareil on ouvre le robinet comme d'ordinaire pour avoir le gaz. Le robinet spécial de la veilleuse ayant deux crans d'arrêt, en le tournant même brusquement et à fond, soit à gauche, soit à droite, il donne la veilleuse ou la grande flamme; l'une brûle toujours pendant que l'autre est éteinte, le petit robinet les mettant alternativement en communication avec l'arrivée du gaz. Si l'on veut tout éteindre, il suffit de fermer le robinet resté sur le branchement.

La petite flamme est entourée d'une lanterne en mica qui la tient à l'abri du vent, et en outre elle demeure visible et sert de veilleuse.

Une petite vis se trouvant au-dessous de la vis principale du robinet, sert à régler la flamme de la veilleuse qui peut ainsi briller plus ou moins, suivant les besoins. Pour les becs placés hors de la portée de la main, le bouton du robinet sest remplacé par un levier avec cordon ou chaînette. Notre figure 33 indique très nettement la disposition du système. A gauche est représenté le brûleur allumé en veilleuse; à droite on voit la coupe de l'appareil avec le bec allumé. On comprend facilement l'usage de cette veilleuse dans les dortoirs, chambres de malades, où l'on a souvent besoin d'éteindre et d'allumer le gaz; on s'épargne ainsi l'ennui d'allumer à chaque fois des allumettes; on évite les incendies en même temps que les fuites de gaz occasionnées par la maladresse ou l'inexpérience de personnes qui ferment imparfaitement les becs ordinaires.

Le petit brûleur à gaz est utile aussi dans les antichambres, caves, écuries et même dans les chambres noires de photographe, en un mot, dans tous les endroits obscurs où l'on a plus ou moins besoin de lumière d'une façon intermittente; l'appareil est très coquet, nickelé et peu volumineux.

Un modèle spécial est construit pour les applications de l'industrie, avec la simple modification que la grande flamme est horizontale; on peut ainsi s'en servir pour le cachetage des paquets, il convient aux pharmaciens, confiseurs, fabricants de fleurs, etc.

Ajoutons que le bec à veilleuse de gaz se substitue facilement à tous les becs ordinaires. L'origine de ce système est américaine, mais le constructeur français, M. Mallié, y a apporté des dispositions nouvelles et de réels perfectionnements.

Une veilleuse économique. — J'ai fait des veilleuses qui fonctionnent très bien en remplaçant l'huile épurée par du pétrole lourd (huile de pétrole). Je prends un tube capillaire de 25 millimères de longueur, j'introduis à l'intérieur un bout de fil de même longueur que le tube, je prends comme flotteur une rondelle de liège et je pose le tout sur le liquide, puis j'allume. La veilleuse ainsi constituée, consomme de 10 à 12 centimètres de pétrole en six heures. Au prix moyen de 50 centimes par litre de pétrole, on établit à peu près sans frais une veilleuse économique.

Observation : la partie du tube en verre qui émerge hors du liquide doit avoir au moins 15 ou 16 millimètres ; plus courte, le liquide arrive en trop grande abondance, s'enflamme et retombe en gouttelettes enflammées sur le liège, et communiquerait le feu à toute la masse du liquide, ce qu'il faut éviter.

Aucune autre précaution n'est à prendre, le pétrole ne devenant inflammable qu'entre 35 et 40 degrés.

Veilleuse anglaise à bougie. — La veilleuse classique de nuit, qui consiste en une bougie minuscule, flottant à la surface d'une couche d'huile versée sur de l'eau, offre bien des inconvénients : sa préparation est malpropre et ne saurait être faite par soi-même ; son extinction, quand on la souffle, détermine bientôt des odeurs d'huile brûlée insupportables.

Fig. 34.

Voici une petite veilleuse perfectionnée qui nous a paru charmante d'aspect, de propreté et de commodité (fig. 34). Elle consiste en un godet de verre dans lequel on place une bougie analogue à celle que l'on dans brûle les réchauds. Il suffit d'allumer la bougie et de coiffer la flamme d'un capuchon de verre translucide, rose ou bleu, qui produit une lumière douce et agréable. Quand on veut éteindre de son lit la veilleuse placée à portée de la main, une petite lamelle de mica, de la grandeur d'une pièce de cinq francs en argent, est posée sur le capuchon de verre : elle intercepte l'arrivée de l'air, et la bougie s'éteint doucement sans fumée et sans odeur. La bougie, de fabrication anglaise, comme l'appareil lui-même, dure environ quatorze heures; il y en a à peu près pour deux nuits. La veilleuse se transporte facilement d'une chambre à une autre, elle est d'un emploi très avantageux dans une antichambre. Mais, car il y a un *mais*, elle offre un inconvénient : la bougie coûte assez cher; c'est un appareil de luxe.

Veilleuse-phare. — Voici une autre veilleuse que nous allons faire connaître à nos lecteurs, c'est la *veilleuse-phare* (fig. 35); elle est formée d'un réservoir sphérique en métal nickelé, que l'on remplit d'huile à brûler en l'inclinant convenablement. On place dans le godet qui communique au réservoir, une mèche ordinaire de veilleuse à huile. Quand on l'allume, la flamme se produit devant une lentille de verre mobile autour d'un axe, et qui projette au loin le rayon lumineux sur un point déterminé. On peut placer la veilleuse sur sa table de nuit et diriger le rayon vers le cadran de la pendule qu'il éclaire tout entier, de façon à être visible et lisible pendant la nuit.

La petite vieilleuse peut encore servir à lire le soir dans son lit, sans avoir la crainte de mettre le feu aux rideaux, comme lorsqu'on se sert d'une bougie. La veilleuse est, dans ce cas, placée à certaine distance et la lentille orientée de telle façon que le rayon lumineux vient éclairer la surface du livre que l'on tient à la main. L'éclairage est très suffisant pour la lecture.

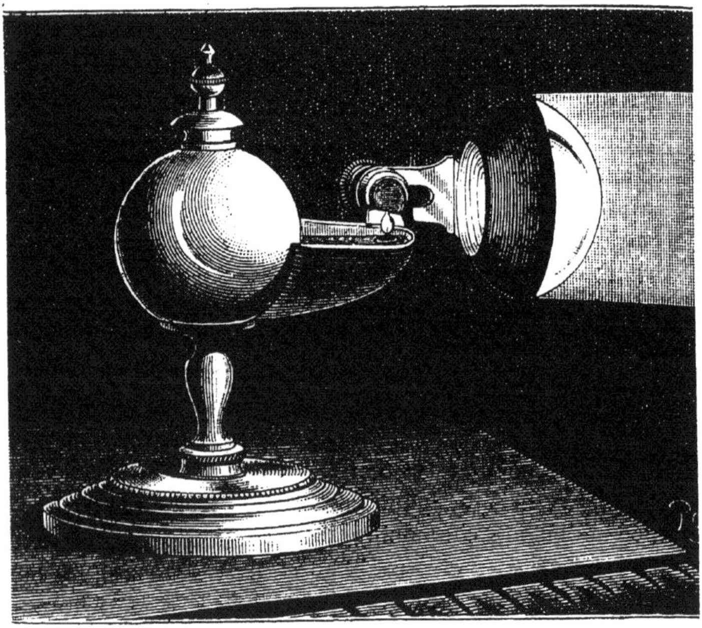

Fig. 35.

Le remplissage d'huile de la veilleuse-phare se fait d'une façon particulière, la sphère métallique creuse servant de réservoir, ne s'ouvre pas; il n'y a d'autre ouverture que celle du godet inférieur, on y verse l'huile à brûler peu à peu, en penchant la sphère convenablement, de telle façon que l'air puisse s'échapper ; avec quelques opérations successives, on arrive à remplir la sphère presque complètement d'une quantité suffisante de liquide.

Rondelle métallique pour verres de lampes à gaz. — Nous signalerons ici un petit système (fig. 36) d'un prix très modeste (0 fr. 75) qui rend de véritables services à tous ceux qui se servent d'une lampe à gaz

Fig. 36.

pour l'éclairage ; il se compose de deux disques superposés en clinquant, ajourés et reliés entre eux comme le montre notre gravure. Il reste à demeure sur le verre de lampe. Quand on allume le gaz, le petit appareil par sa présence et sa conductibilité calorifique, empêche le verre de se casser ; on n'a presque plus de bris de verre avec son usage, mais chose plus surprenante, il augmente notablement le pouvoir éclairant de la flamme, de sorte que l'on a autant de lumière en consommant moins de gaz. — Il est facile de constater le fait en retirant la rondelle pendant que la lampe à gaz est allumée : on constate un abaissement sensible du pouvoir éclairant, très appréciable en considérant une surface de papier blanc éclairé. Quand on remet le petit appareil sur le verre, aussitôt, le phénomène inverse se produit et le pouvoir éclairant augmente. La démonstration est donc complète au moyen de cette double expérience.

Ce résultat très curieux n'est peut-être pas facile à faire comprendre au point de vue théorique. Le fabricant l'explique de la façon suivante : la présence de la rondelle métallique augmenterait la température du milieu où se produit la flamme, et déterminerait plus complètement la combustion du carbone. Quoi qu'il en soit de cette explication, le fait que nous citons de l'action de la rondelle est absolument manifeste, et peut donner lieu à une économie notable dans la consommation du gaz.

Multiplicateur de lumière. — Nous avons reçu de Lyon la lettre suivante à propos du paragraphe précédent : « Permettez-moi de vous adresser ces quelques lignes à propos de votre article sur une *Rondelle métallique pour verres de lampes à gaz,* paru dans *La Nature* du 7 mai. Divers systèmes de rondelles métalliques ont été mis à l'essai il y a quelques années chez les abonnés de la Compagnie du gaz de Lyon, ils ont été successivement abandonnés parce que leur durée était trop limitée; il paraît que ces rondelles fonctionnaient très bien pendant trois ou quatre jours (à condition que le nombre et la grandeur de leurs ouvertures fût en relation avec la hauteur de flamme demandée) mais peu à peu la flamme devenait fuligineuse comme lorsqu'on couvre le verre en partie avec une rondelle non métallique, et l'appareil n'offrait plus que des désavantages. L'explication de ce fait serait intéressante. Quoi qu'il en soit, un employé de la Compagnie du gaz de Lyon chercha à modifier cette rondelle afin d'augmenter sa durée et, après d'assez longs essais, il s'est arrêté à la forme indiquée dans la figure ci-jointe (fig. 37). La portion AB est en laiton d'environ 0,5 millimètre d'épaisseur, mais la portion BC est une masse de bronze pesant au moins 120 grammes et ayant à l'intérieur une sorte de chambre communiquant avec l'intérieur du verre à gaz par une ouverture de 8 millimètres de diamètre et avec l'extérieur par 7 ou 8 trous de 2 millimètres (dont on voit quelques-uns sur le dessin). Cet appareil est d'un prix bien élevé, mais il fonctionne chez moi depuis trois mois à mon entière satisfaction,

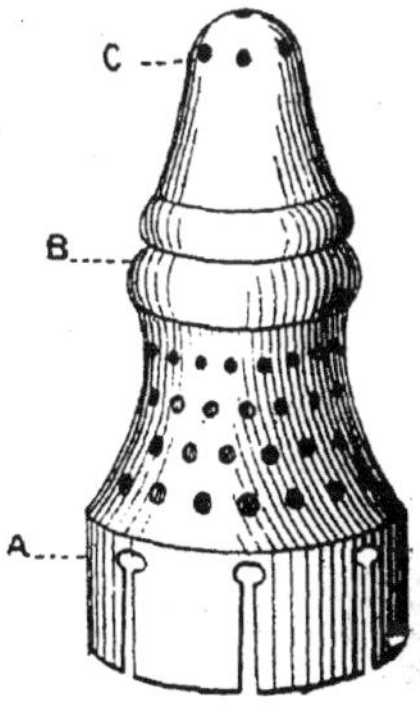

Fig. 37.

et dans d'autres maisons de Lyon depuis plus de six mois. J'ai pu constater qu'il n'augmente pas le tirage et par suite la consommation du gaz. Quant à l'augmentation du pouvoir éclairant, je l'ai mesurée à l'aide du photomètre Burel et l'ai trouvée variant de 32 à 86 p. 100 selon la hauteur donnée à la flamme. Le multiplicateur de lumière se trouve chez M. Morel, 6, rue Thomassin, à Lyon. » (M. l'abbé *R. Fouilliand*, professeur de physique, à Lyon.)

Contre le suintement des lampes à pétrole. — Voici pour empêcher le suintement des lampes à pétrole un moyen dont je me suis servi avec succès : Laver la lampe intérieurement avec une dissolution concentrée d'eau et de potasse, ensuite rincer à l'eau fraîche ; mélanger de la gélatine et de la glycérine en parties égales ; ce mélange forme un composé qui devient fluide par la chaleur et qui en se refroidissant se durcit. Vous introduisez ce mélange à chaud dans la lampe, puis on la tourne dans tous les sens de manière à laisser déposer le mélange contre les parois de la lampe ; quand il est presque froid, on vide l'excès du mélange qui sert pour une autre opération ; enfin on laisse sécher la lampe au moins deux heures avant de s'en servir (M. *A. M. Frutiger* fils, à Genève).

Outre les procédés indiqués précédemment (enduit intérieur de colle ou de gélatine, récipient intérieur métallique), j'ai placé une épaisse rondelle de caoutchouc au bec vissé qui ferme la lampe, je serre modérément ; il n'y a plus trace de suintement (M. *Roger*, à Sedan).

J'avais une lampe à pétrole montée sur porcelaine qui fuyait depuis assez longtemps pour ne pas dire presque toujours, mais enfin dans les derniers temps cela était tellement gênant que je cherchais un remède. Je m'aperçus alors que la garniture métallique n'était pas parfaitement adhérente, d'où je concluais que le pétrole passait par ce joint quand la lampe était pleine ou même en circulant avec la lampe lorsqu'elle n'était qu'à moitié remplie. Comme je ne pouvais pratiquement refaire un joint comme cela se fait dans les ateliers de fabricants, j'ai coulé tout simplement de la colle céramique dans ce joint en tournant la lampe horizontalement jusqu'à ce que le joint fût complètement bouché (bien entendu, le pétrole vidé et la lampe bien essuyée); après avoir laissé sécher la première couche, j'en ai remis une seconde pour plus de sécurité, en m'aidant alors du pinceau. Depuis, ma lampe ne fuit plus du tout et je ne remarque même plus le suintement qui existe sur toutes les lampes à pétrole. Ma colle est une colle céramique blanche achetée au hasard. Toutes les colles céramiques peuvent d'ailleurs remplir le même but; la colle-forte même suffirait parce qu'elle ne se dissout pas dans l'huile; mais la mienne a d'autant mieux réussi qu'étant absolument incolore (un peu grise), elle ne fait pas tache sur la porcelaine. Ce n'est qu'en passant le doigt dessus que l'on sent les bavures. J'ai acheté cette colle chez M. A. Gladel, 122, rue de la Hache, à Nancy. Prix du flacon, 1 franc (M. *J. Schweitzer*, à Nancy).

Un briquet à air comprimé. — Chacun connaît l'expérience classique du briquet à air comprimé, expérience qui sert, dans les cours de physique élémentaire, à mettre en évidence l'élévation de température produite par la compression brusque d'un gaz. C'est cette expérience, dont l'origine se perd dans la nuit des temps, qui a été appliquée d'une manière fort heureuse par un ingénieux constructeur, à un petit briquet de poche que représente la figure ci-contre (fig. 38). L'appareil se compose d'un petit cylindre en laiton nickelé de 8 centimètres de longueur et de 8 millimètres de diamètre, à l'intérieur duquel se meut un piston de longueur sensiblement égale.

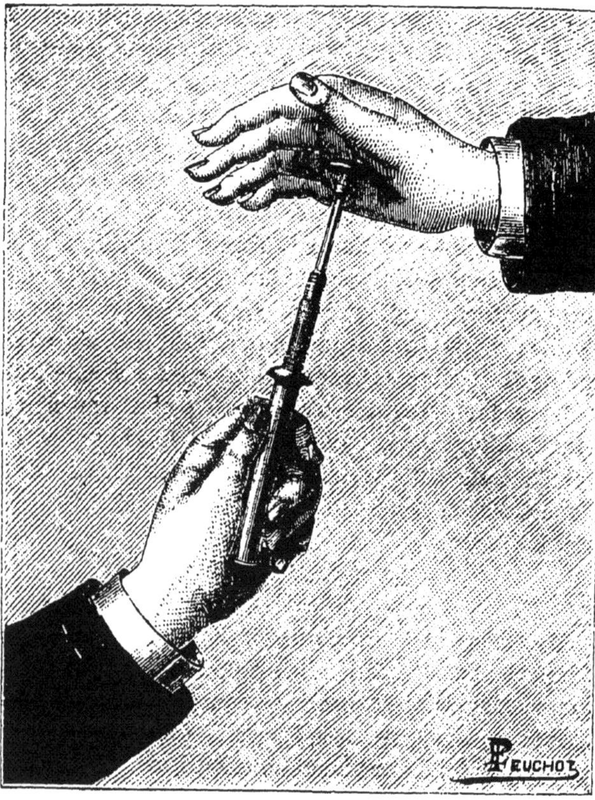

Fig. 38.

L'extrémité du piston porte une petite cavité dans laquelle se loge un petit morceau de mèche imprégnée de chromate de plomb, comme celle de tous les briquets. Cette mèche est fixée à un crochet et est bien bourrée dans la cavité ménagée à l'extrémité du piston, où elle constitue une provision que l'on fait affleurer en vissant plus ou moins la tige de ce piston. Pour produire l'allumage, on retire les deux pièces, cylindre et piston, on enfonce le piston dans le cylindre juste assez pour qu'il y tienne. Tenant alors le cylindre de la main gauche, le fond aplati appuyé contre la paume de la main, on donne avec la main droite un coup sec sur la tête de la tige du piston : en retirant alors aussitôt le piston, la mèche fixée à son extrémité, on trouve la mèche *le plus souvent* allumée.

En tous cas, les *ratés*, qu'un peu de pratique rend assez rares, sont certainement moins nombreux que ceux des allumettes qui, comme chacun sait, jouissent seules du monopole d'une inflammation très incertaine.

LE BAROMÈTRE.

Hauteurs barométriques; règle permettant de réduire à 0°. — Après avoir observé un baromètre Fortin et noté la division de l'échelle où s'arrête le mercure, il faut encore, avant de connaître la véritable valeur de la pression atmosphérique, effectuer deux corrections indispensables. L'une d'elles, constante pour chaque instrument, est relative à la capillarité et nous ne la mentionnons que pour mémoire. La seconde, indépendante des dimensions absolues de l'appareil, a pour but de ramener la hauteur de la colonne mercurielle au niveau qu'elle atteindrait si la température et celle de l'échelle graduée sur laiton étaient égales à 0°, la pression restant invariable.

Pour réduire la hauteur barométrique à 0°, on se sert d'une formule élémentaire qu'on enseigne à tous les candidats au baccalauréat ès sciences. Cette équation, assez simple *à priori*, se complique énormément si l'on remplace les lettres par leurs valeurs numériques; aussi, dans le but d'épargner aux physiciens ces interminables calculs, Delcros a-t-il dressé des tables à double entrée, qui figurent dans l'*Agenda du chimiste* et qui permettent de corriger une hauteur barométrique donnée lorsque la température de l'observation est connue. Mais on peut même se dispenser de recourir aux tables et faire le calcul de tête en se rappelant la règle empirique suivante : *Retranchez, du nombre de millimètres que vous aurez lus, le nombre de degrés que marque le thermomètre divisé par huit et traduit en millimètres.*

Voici trois exemples choisis de façon à ce que la correction à effectuer soit assez notable.

1° Pression observée................ $770^{mm},22$

Température, 25°

$$\frac{25}{8} = 3,12$$

Si de	770,22
on retranche	3,12
il reste	767,10 pour la hauteur corrigée.

D'après Delcros, la correction est de 3,11.

2° Pression observée................ $740^{mm},83$

Température, 28°

$$\frac{28}{8}=3,50$$

Si de	740,83
on retranche	3,50
il reste	737,33 pour la hauteur corrigée.

D'après Delcros, la correction est de 3,35.

3° Pression observée................ $732^{mm},07$

Température, 18°

$$\frac{18}{8}=2,25$$

Si de	732,07
on retranche	2,25
il reste	729,82 pour la hauteur corrigée.

D'après Delcros, la correction est 2,12.

La formule que nous proposons, mathématiquement exacte vers 765, est d'autant moins avantageuse que la pression est plus éloignée de 765, tout en étant inférieure à cette valeur. Cependant l'écart n'est jamais très considérable; de plus, avec beaucoup de baromètres on ne saurait compter sur le 1/20 de millimètre. Le plus souvent, on se contente d'apprécier les 1/5. Quoi qu'il en soit, nous croyons que la règle indiquée est bien suffisante pour les besoins de la pratique, aux pressions et aux températures moyennes de presque toute la France (M. *A. de Saporta*).

EXPÉRIENCES ET PROCÉDÉS DIVERS.

Expérience sur l'écoulement des gaz. — Voici une curieuse expérience relative à l'écoulement des gaz. L'appareil qu'il faut avoir à cet effet est des plus simples. Il se compose (fig. 39) d'un dé à coudre AB à fond plat adapté à l'extrémité d'un tuyau en caoutchouc C, le fond du dé préalablement percé d'un trou circulaire *ab* d'un diamètre égal environ à la moitié de celui du fond; puis d'une bille D d'un diamètre tel qu'elle laisse entre elle et les parois du dé un léger espace. Les expériences à faire avec ce petit appareil sont les suivantes : 1° Placez la bille dans le dé et soufflez par le tuyau, il vous sera impossible de la chasser; au contraire, des battements précipités vous apprendront que le courant d'air a pour effet de forcer la bille à s'appliquer contre le fond du dé. 2° Placez la bille sur une table ou tenez-la au bout du doigt, couvrez-la presque complètement avec le dé et souflez; la bille sera aspirée et tenue en suspension aussi longtemps que durera le souffle. 3° Fixez l'appareil à un robinet de machine à vapeur en pression; ouvrant celui-ci, la bille ne sera pas chassée malgré la puissance du jet. — 4° Adaptez-le à un robinet de prise d'eau, la bille battra le fond du dé et donnera lieu à des coups de bélier sensibles; les battements s'accélèrent au fur et à mesure de l'ouverture du robinet et il arrive un moment où elle est lancée violemment

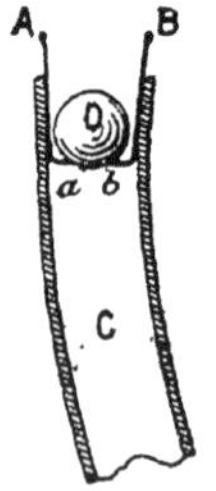

Fig. 39.

hors du dé; mais à ce moment, le jet serait capable de chasser une masse bien plus pesante. On peut encore réaliser la même expérience d'une autre façon, comme nous l'avait indiqué un de nos lecteurs, il y a déjà quelque temps. On prend un disque de métal AB (fig. 40), et on fait une petite ouverture à laquelle vient se souder un tube C. Si l'on appuie une feuille de papier *mn* sur le disque et que l'on souffle par le tube C, la feuille de papier est attirée et prend la position indiquée en pointillé.

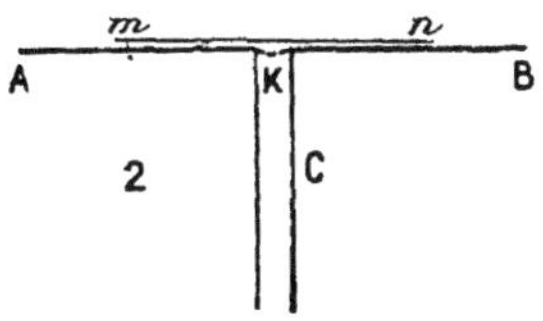

Fig. 40.

Manière d'empêcher l'eau de se congeler. — Pour empêcher l'eau de se congeler pendant l'hiver, on peut l'additionner de glycérine ou de chlorure de calcium.

Mesure des hauteurs d'eau dans les réservoirs. — Nous avons à signaler à nos lecteurs un procédé très simple pour obtenir la hauteur de l'eau dans les récipients profonds, et employé par le service des ponts et chaussées pour les nouveaux marémètres. Il consiste à recouvrir un petit tube en cuivre, servant de sonde, d'une feuille de papier imprégnée d'une solution de sulfate de fer, puis frottée ensuite avec un tampon couvert de noix de galle en poudre. La partie du papier ainsi préparé, prend en plongeant dans l'eau, une teinte noire très prononcée, par suite de la réaction du sel de fer sur le tannin. Ce procédé peut trouver plusieurs applications dans les usines à gaz et notamment pour connaître la pression maxima survenue dans les manomètres ou dans les gorges hydrauliques. Il suffit de plonger dans la branche communiquant avec l'atmosphère une bande de papier sensibilisé pour retrouver cette pression. Si, par suite de la capillarité du papier, les indications deviennent un peu confuses à la suite d'une immersion prolongée, on pourrait se servir de bandes de parchemin enduites de la même composition (*Journal de l'éclairage au gaz*).

Manière de s'orienter avec une montre. — Vous tournez le dos au soleil, puis vous prenez votre montre et placez la petite aiguille dans le sens de l'ombre produite par votre corps. Vous imaginez alors une ligne partant du centre du cadran de la montre, et passant par midi. La bissectrice de l'angle formé par cette dernière ligne et la petite aiguille donne le nord. C'est un procédé mathématique (M. G. *Vallet*, à Romorantin).

Loupe économique. — Faites un petit trou dans une lame mince de laiton ou de plomb et déposez sur ce trou une goutte d'eau; elle prendra une forme convexe, et, rendant les rayons convergents, grossira les objets comme une véritable lentille.

Le givre des carreaux. — On peut arriver à fixer pour quelque temps les beaux et merveilleux dessins produits sur une vitre par la gelée. Il suffit simplement d'étendre sur la vitre, le soir d'une gelée probable, une teinte de couleur quelconque, rouge, bleue, verte, etc., délayée à l'eau ; la teinte doit être très foncée. Outre que les curieux festons, arbustes et plumes dessinés par la gelée deviennent mieux caractérisés après le dégel, ces dessins complets avec tous leurs détails restent fixés sur la vitre et pour plusieurs jours (M. *J. Oudin*, à Auxerre).

GALVANOPLASTIE. — DÉPOTS ÉLECTROLYTIQUES.

Dépôt galvanoplastique d'aluminium. — M. Herman Reinbold donne le procédé suivant pour le dépôt galvanoplastique de l'aluminium : On prépare un bain contenant 50 parties d'alun (sulfate double d'alumine et de potasse), pour 300 parties d'eau, on ajoute 10 parties de chlorure d'aluminium, on chauffe à 100° C. et on laisse refroidir. On additionne ensuite la solution de 39 parties de cyanure de potassium. L'objet à galvaniser, après avoir été convenablement nettoyé comme pour les procédés de la dorure ou de l'argenture électrique, est suspendu dans ce bain à l'électrode positive, et l'on plonge une plaque d'aluminium comme électrode négative. Le courant doit être assez faible. Après le polissage, le métal déposé prendra un très beau brillant, ne le cédant en rien à celui de l'argent et ayant l'avantage de ne pas s'oxyder ni se noircir aux vapeurs sulfureuses.

Autre procédé. — Le dépôt électrolytique de l'aluminium constitue une des opérations les plus délicates de la galvanoplastie actuelle, car on ne connaît pas encore de procédé donnant pratiquement des résultats tout à fait satisfaisants. Voici une nouvelle formule indiquée par M. Herman Reinbold, que nous signalons aux intéressés ; elle est, paraît-il, très avantageuse, et fournit des dépôts qui, une fois polis, présentent l'aspect brillant de l'argent et ne subissent aucune oxydation sous l'influence de vapeurs sulfureuses. Nous ne faisons d'ailleurs que répéter, à ce sujet, les dires de l'inventeur dont nous ne garantissons nullement la complète exactitude. La solution à employer se compose de 50 parties d'alun, étendues de 300 parties d'eau, et de 10 parties de chlorure d'aluminium. Ce mélange est chauffé à 200° ; puis on le laisse refroidir et on y ajoute 39 parties de cyanure de potassium. Le métal à recouvrir doit être parfaitement nettoyé avant d'être placé dans le bain. L'électrode négative est formée par une plaque d'aluminium ; le courant doit être faible.

Procédé de moulage pour la galvanoplastie. — Placer sur la pièce à mouler une feuille d'étain mince et lisse, et presser fortement cette feuille sur la pièce avec un tampon de cire à modeler. Enlever ensuite la cire avec la feuille d'étain qui y adhère et qui a pris l'empreinte des plus fins détails. Plonger dans le bain de sulfate de cuivre après avoir mis en communication la feuille d'étain avec le zinc. Cette méthode, qui rend le *plombaginage* inutile, est très expéditive, ne nécessite aucun matériel et n'altère nullement les pièces (M. *F. Drouin*, à Paris).

Étamage par l'électricité. — Voici pour l'étamage par l'électricité une formule de bain tirée du livre l'*Électrolyse*, de M. Fontaine : *Bain Roseleur :* eau distillée, 50 litres ; pyrophosphate de sodium, 500 gr. ; protochlorure d'étain fondu, 50 grammes. Disposer dans une cuve entièrement doublée d'anodes en étain ; ajouter du sel d'étain et du pyrophosphate, car les anodes ne suffisent pas à entretenir le bain (M. *Mouchard*, à Elbeuf).

Bain d'aciérage ou ferrage noir. — On fait dissoudre dans 50 litres d'acide chlorydrique du commerce, le plus possible, de *paille de fer* (filaments employés pour frotter les parquets ; il en faut au moins de 4 à 5 paquets, et on reconnaît que le liquide est à saturation quand un dépôt se forme au fond et qu'on ne peut plus le faire dissoudre. On ajoute alors 1 *kilogramme d'acide arsénieux* et on agite vivement. Le bain n'est constitué qu'autant que ce dernier sel, qui se dissout lentement, l'est complètement, et on a ensuite une teinte d'autant plus noire qu'on aura pu rajouter d'autre acide arsénieux. Les pièces sont disposées au pôle négatif de la pile et on se sert comme anode de vieilles limes et de plaques de charbon de cornue. Les objets en cuivre, jaune ou rouge, se noircissent directement, mais ceux en fer seraient attaqués par le bain ; il est dès lors nécessaire de les nickeler préalablement. On obtient alors un dépôt brillant que, dans ce cas, on désigne sous le nom de *nickel noir*. Il faut que le dépôt de fer, pour se conserver, soit recouvert d'un vernis blanc incolore à l'esprit de vin.

PILES. — EMPLOI DE L'ÉLECTRICITÉ, ETC.

Agglomérés de la pile Leclanché. — MM. Bender et Francken donnent la formule suivante pour la fabrication des agglomérés des piles Leclanché :

Bioxyde de manganèse	40,0	p. 100.
Graphite	44,0	—
Goudron	9,0	—
Soufre	0,6	—
Eau	6,4	—

On commence par réduire ce mélange à l'état de poudre très fine que l'on place ensuite dans des moules et on lui fait subir une très forte compression. On chauffe la masse à une température de 350° centigrades environ, ce qui a pour effet de chasser l'eau ainsi que les parties les plus volatiles du goudron. Une partie du soufre se combine avec les produits de la distillation, et le reste s'allie aux résidus non volatils pour les rendre plus fixes par un procédé analogue à celui de la vulcanisation du caoutchouc.

Pile thermo-électrique solaire. — Un barreau de cuivre et un barreau de fer, ou deux métaux différents, sont préalablement reliés à un galvanomètre ; on les place l'un dans le prolongement de l'autre et sur la même ligne en ayant soin de les séparer par une très faible distance et de tailler en biseau les extrémités qui se font face. Dans l'espace laissé libre entre les deux métaux on fait converger, à l'aide d'une forte lentille, des rayons solaires. L'air ne tarde pas à être porté à haute température; il devient conducteur de l'électricité; cet air échauffe les surfaces des deux métaux qui sont en contact avec lui et il se forme une sorte de pile thermo-électrique composée de deux métaux séparés par une mince couche d'air à haute température conductrice du fluide électrique. Le galvanomètre accuse l'existence d'un courant électrique allant du métal positif au métal négatif. Cette expérience ne réussit qu'à la condition d'exclure toute flamme oxydante ou fuligineuse (M. *Eugène Gaillard*, Marseille).

Accumulation des poussières sur les conducteurs de lumière électrique. — D'après une expérience faite récemment à Pittsburg, les fils parcourus par des courants électriques continus auraient la propriété d'attirer les poussières contenues dans l'atmosphère, tandis que les courants alternatifs ne donneraient lieu à aucun dépôt. M. G.-A. Nellis a expliqué ce fait par le champ magnétique que le courant continu crée autour du fil qu'il traverse. Avec les courants alternatifs, au contraire, les variations de sens du courant se succèdent avec une telle rapidité que le champ magnétique est sensiblement nul; il n'y a, par suite, aucune raison pour qu'il se forme un dépôt de poussières comme dans le premier cas.

Retaillage des limes et des fraises à l'aide de l'électricité. — Le retaillage mécanique des limes et des fraises présente des difficultés considérables en raison de la dureté des outils, et occasionne des frais relativement importants. L'application de l'électricité à la solution de ce problème est très intéressante; elle permet le retaillage à froid sans détrempage, et voici en quoi elle consiste : La lime à retailler, placée dans un bain, est reliée au pôle négatif d'une pile Bunsen; au pôle positif est une baguette de charbon ordinaire. Le liquide du bain est de l'acide sulfurique à 66°, de l'acide azotique à 40°, en proportions à peu près égales, et eau distillée. Le circuit étant fermé, il se produit, à chaque pointe usée de la lime ou de la fraise, une petite bulle d'hydrogène qui la protège contre l'attaque de l'acide du bain; celui-ci n'a plus d'action que sur les parties creuses et l'amincissement est presque nul, ce qui permet de retailler une lime quatre ou cinq fois de plus qu'avec les procédés actuels. L'opération dure de dix à vingt minutes, et le matériel très simple qu'elle nécessite pour une centaine de limes à retailler par jour ne coûte guère qu'une dizaine de francs. Le tour de main consiste principalement dans la bonne préparation du bain et dans l'exacte disposition de la lime ou de la fraise à retailler par rapport au charbon. Toutes les trois ou quatre minutes, on retire du bain la pièce à retailler, on la lave à grande eau et on la passe à la brosse pour détacher des creux les parties attaquées, puis on remet en circuit jusqu'à ce que l'on juge l'opération suffisamment poussée.

Allumoir électrique avec extincteur automatique. — J'habite une maison occupée par plusieurs locataires; notre propriétaire ne jugeant pas à propos d'éclairer les escaliers, la nuit, j'ai installé à cet effet quelques allumoirs électriques à soufflet, mais, malgré mes recommandations, mes colocataires oubliaient presque toujours d'éteindre les lampes qui, par suite, brûlaient toute la nuit jusqu'à épuisement complet de l'essence. Pour obvier à cet inconvénient, j'ai fixé sur ces allumoirs un extincteur automatique composé tout simplement d'un petit tube en verre avec réservoir contenant une certaine quatité de mercure. Quand la lampe est allumée, la chaleur fait dilater le mercure qui vient alors établir un contact sur les deux fils plongeant dans la partie supérieure du tube; l'extinction se produit ainsi *sans rallumage;* la durée de l'éclairage est réglée par l'élévation plus ou moins grande du tube au dessus de la lampe. Ci-joint un petit croquis figuratif (fig. 41) (M. X..., à Paris).

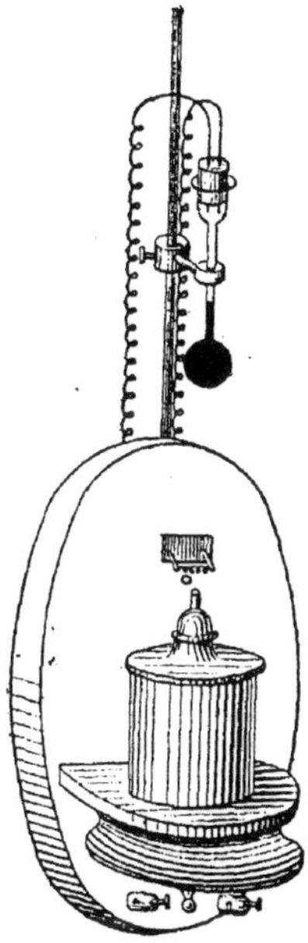

Fig. 41.

Épilation par l'électricité. — L'épilation par l'électricité se pratique facilement avec une instrumentation qu'on peut aisément construire soi-même.

Il suffit de prendre un petit élément de pile Leclanché et d'armer l'électrode positive d'une plaque métallique recouverte de peau de daim, et l'électrode négative d'une aiguille fine d'or ou de platine. Après avoir introduit la pointe de l'aiguille dans le bulbe du poil, en glissant contre ce dernier, à 1 millimètre environ de profondeur, on applique l'électrode positive, mouillée d'eau salée, dans le voisinage de la région. Instantanément on voit une sorte d'écume se dégager autour de la pointe métallique et au bout de vingt ou trente secondes le bulbe pileux est décomposé et le poil s'arrache facilement pour ne plus repousser. Il faut savoir aussi que la petite opération est assez douloureuse et que la région du bulbe détruit reste engorgée pendant quelques jours. Je me sers depuis longtemps, dans ma pratique, de deux petits éléments de la pile de Gaiffe à courant continu et mon aiguille est montée dans un porte-aiguille à coulant auquel est fixé le fil négatif de la pile. Ce porte-aiguille existe tout fait chez les fabricants d'instruments de chirurgie, mais peut être remplacé sans inconvénient par un petit instrument d'acier employé par les horlogers pour tenir les fils servant à faire les goupilles. Dans ce cas on n'a qu'à fixer le fil conducteur au manche de l'instrument ou à pratiquer dans ce manche un trou dans lequel on place la cheville qui termine les fils ordinaires d'appareils électriques. Il ne faut pas détruire trop de bulbe pileux dans la même séance sur un espace trop limité, ni laisser agir le courant trop longtemps de peur d'amener une inflammation trop violente ou des eschares (Dr *Armaignac*, à Bordeaux).

CHIMIE ET PROCÉDÉS CHIMIQUES

APPAREILS DE LABORATOIRE.

Régulateur de niveau pour bain-marie. — Les évaporations au bain-marie étant fréquentes dans la pratique du laboratoire, on a imaginé des appareils qui maintiennent l'eau de la chaudière à un niveau constant. Les chaudières munies de ce niveau, coûtent cher, et, bien que leur fonctionnement soit irréprochable, quelques chimistes emploient des appareils reposant sur le principe des vases communiquants et qui remplacent sans trop de désavantage ceux qu'on trouve dans le commerce. Voici un appareil (fig. 42) qui se recommande par une extrême simplicité et qui m'a toujours donné d'excellents résultats. Un fort tube à gaz (environ 6 à 8 millimètres à l'intérieur) est recourbé en forme d'U, une des branches est coupée à 18 centimètres de la courbure, l'autre branche est recourbée à angle aigu à 25 centimètres de celle-ci. Deux tubes latéraux de 6 centimètres sont soudés sur la branche verticale à 5 et 10 centimètres de la courbure. Ces dimensions n'ont, du reste, rien d'absolu. Cette partie de l'appareil est soutenue par un support, fixée à une hauteur convenable et mise en communication par un caoutchouc avec un tube plongeant dans l'eau de la chaudière et dont l'extrémité sera recourbée. Il est plutôt avantageux de ne pas faire plonger trop profondément ce tube dans la chaudière. Voici, en nous reportant à la figure, le fonctionnement de l'appareil. L'eau arrive en B dans

Fig. 42.

le tube en U, passe ou non dans la branche recourbée et s'écoule en A; c'est à cette hauteur que nous voulons établir le niveau. En pinçant en D le caoutchouc du trop plein et en bouchant en O le tube vertical, l'eau passera dans la grande branche, de là dans le tube V qui plonge dans la chaudière. L'appareil est amorcé, l'eau s'écoulera jusqu'à ce qu'elle ait atteint le niveau A dans la chaudière; si le niveau baisse dans celle-ci par suite de l'évaporation, immédiatement l'eau repasse en V jusqu'à ce qu'elle soit au niveau normal, mais jamais elle ne peut le dépasser. La communication se faisant avec la chaudière au-dessous de l'arrivée de l'eau, on évite ainsi les flux alternatifs d'eau chaude et d'eau froide qui refroidissent le bain-marie, inconvénient dont ne sont pas exemptes les chaudières à niveau constant du commerce (M. *Saglien*).

Bain-marie à niveau constant. — En parallèle avec le *bain-marie à niveau constant*, j'ai l'avantage de vous faire connaître celui que j'emploie, qui,

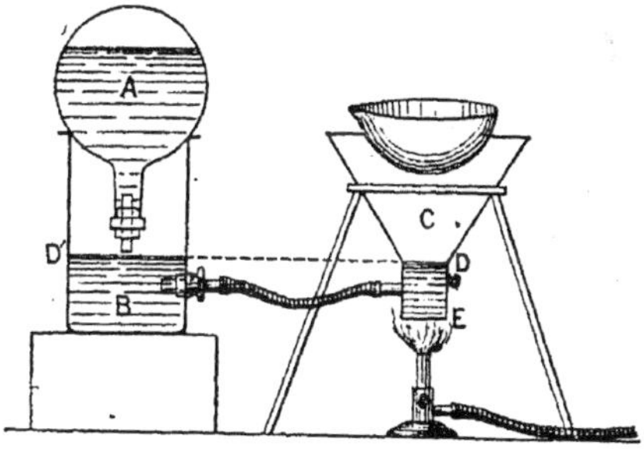

Fig. 43.

tout étant d'une grande simplicité, peut donner à volonté un bain de vapeur en moins de cinq minutes ou, en augmentant le niveau, un bain liquide. Un matras

A (fig. 43) rempli d'eau est renversé dans un vase à tubulure B, communiquant avec un bain-marie C en cuivre, chauffé simplement par un petit bec de gaz. Le haut de ce bain-marie est disposé en rondelles concentriques, comme un fourneau de cuisinière. Tel que le montre la figure, le bain est à vapeur d'eau, la capsule chauffe à une température constante de 100° et cela en moins de cinq minutes, par suite de la très petite partie d'eau à évaporer dans la partie DE du bain-marie. Si l'on veut avoir une température supérieure à 100°, il suffit de mettre une solution saline dans les vases A et B et d'élever le vase B jusqu'à ce que le niveau DD baigne la capsule (M. *E. Brezinski*, à Saint-Denis).

Autre bain-marie à niveau constant. — Pensant que le bain-marie à niveau constant, dont ci-dessous le schéma (fig. 44), pourra intéresser les lecteurs, je crois devoir vous le faire connaître. Le bain-marie proprement dit M est en communication par deux tubes *t* et *t'* avec un petit réservoir avec trop-plein B. Le tube A a sa partie supérieure coupée ne sifflet. La partie A est mise en communication par un

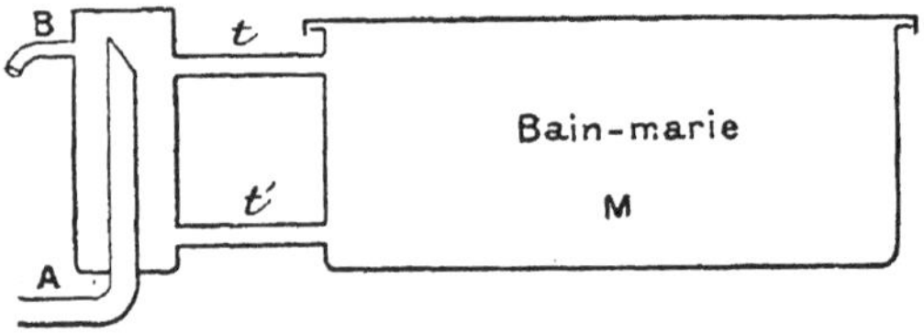

Fig. 44.

tube de caoutchouc avec un robinet d'eau du laboratoire : on règle le débit de manière à compenser l'évaporation. Le trop-plein B garantit de tout débordement du vase. L'appareil peut, bien entendu, avoir une forme quelconque. Celui dont je me sers est rectangulaire, environ 50 centimètres sur 30. On y adapte soit un couvercle à anneaux de différents diamètres, soit un couvercle avec trous de différentes grosseurs. N'importe quel chaudronnier peut construire, et à bas prix, ce bain-marie en cuivre, dont la solidité est à toute épreuve, et le niveau toujours maintenu également, et non pas par intervalles, comme dans ceux à flacons (M. X...).

Appareil pour la production des gaz dans les laboratoires. — Voici une disposition facile à réaliser pour la production continue de l'hydrogène sulfuré ou de l'acide carbonique, gaz qui peuvent donner matière à plusieurs expériences intéressantes (fig. 45). A. *Bocal à conserves* d'eau d'un ou deux litres rempli aux deux tiers environ avec un mélange de 2 parties en volume d'eau et de 1 d'*acide chlorhydrique* ordinaire. B. *Verre de lampe* un peu fort, bouché imparfaitement à l'étranglement par un *morceau de brique b* surmonté d'autres beaucoup plus petits. Sur ces morceaux, une couche de *grenaille de zinc* (Zn). Le verre de lampe est bouché en C par un *bon bouchon suiffé* traversé par un *tube ouvert* aux deux bouts

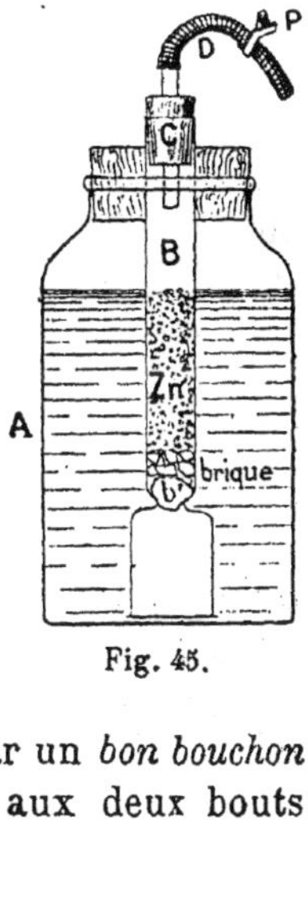

Fig. 45.

(tube de verre, cuivre ou plomb). Au tube, on adapte un *bout du tube caoutchouc* pour conduite de gaz. Le caoutchouc est serré dans une *pince de bois à ressort* P comme on en trouve si facilement dans les bazars. En desserrant la pince, le liquide passe dans B à travers la brique, agit sur le zinc et produit l'hydrogène qui s'échappe par D. Si on lâche la pince, l'hydrogène refoule le liquide qui cesse de baigner le zinc et le dégagement s'arrête. L'appareil chargé et monté ne revient certainement pas à plus de 1 franc.

Papier à filtres renforcé. — M. E.-H. Francis indique un moyen très simple pour obtenir un papier à filtres très fort ; il suffit de mouiller pendant quelques instants du papier à filtres avec de l'acide nitrique de densité 1,42, puis de laver à l'eau, pour que le papier acquière une résistance extraordinaire, rappelant un peu celle du papier parchemin, mais sans pour cela perdre ses propriétés filtrantes, qui sont seulement un peu atténuées. Le papier ainsi traité offre à la traction une résistance décuple du papier ordinaire ; aussi peut-on le laver et le brosser dans l'eau comme du linge. Il convient donc pour les filtrations où le précipité doit être détaché humide du filtre ; il se prête aussi parfaitement aux filtations à la trompe. En ce cas, on peut aussi faire usage de filtres dont le sommet seul a été renforcé par l'acide azotique. Dans cette opération le papier se rétrécit environ de $0^m,1$ en diamètre ; le poids diminue légèrement et aussi les cendres. L'auteur s'est assuré qu'il ne s'est pas fait de pyroxyle.

Adultération du papier à filtrer. — On ne saurait trop insister, dans les laboratoires, sur l'examen attentif et consciencieux des réactifs qui sont appelés à y figurer. Il est cependant un produit qui éveille rarement les soupçons, c'est le papier à filtrer. Le laboratoire municipal de Paris vient précisément de porter ses recherches dans ce sens au moment de la fourniture du papier à filtrer. Ce dernier, soumis à l'analyse, a donné, pour un échantillon moyen, 10,4 p. 100 de cendres. La feuille pesant en moyenne 13gr,2 contient donc 1gr,37 de cendres, formées principalement de sulfate de chaux. Or, le sulfate de chaux étant très soluble dans l'eau distillée neutre, il est facile de concevoir les erreurs que peut entraîner l'emploi de filtres faits avec un tel papier, d'une part dans les pesées finales, d'autre part dans les réactions, que la présence du sulfate de chaux peut troubler, lors des recherches qualitatives d'un produit.

Solutions salines saturées pour bain-marie. — Avec certaines solutions salines saturées, on obtient les températures suivantes à l'ébullition :

	Température.
Sulfate de soude	100°,5
Acétate de plomb	101°,5
Sulfate de cuivre	102°
Chlorure de potassium	103°
Alun	104°
Borax	105°
Sulfate de magnésie	105°
Chlorure de sodium	106°
Chlorhydrate d'ammoniaque	112°
Azotate de potasse	113°

	Température.
Azotate de soude	117°
Acétate de soude	122°
Chlorure de calcium	141°
— de zinc	168°

IMPERMÉABILITÉ ET INCOMBUSTIBILITÉ.

Procédé de fabrication de pâtes et de papier à base d'amiante résistant à l'eau et au feu. — Le nouveau procédé de M. Ladewig permet de fabriquer, au moyen d'amiante, des pâtes et du papier résistant à l'action de l'eau et du feu, n'absorbant point l'humidité et pouvant avantageusement être employés comme bourrage et joints de machines. Le procédé de fabrication consiste à mélanger environ 20 à 25 p. 100 de fibres d'amiante avec environ 25 à 35 p. 100 de sulfate d'alumine pulvérisé. Ce mélange est humecté au moyen d'une solution aqueuse de chlorure de zinc. On lave à l'eau, puis on traite la masse par une dissolution aqueuse de gaz ammoniaque ; on lave de nouveau, puis on traite la matière par une dissolution composée de : 1 partie de savon résineux et 8 à 10 parties d'eau, mélangées à un volume égal de sulfate d'alumine aussi pur que possible. Le mélange ainsi obtenu doit avoir une consistance légèrement pâteuse. Enfin, on y ajoute 35 p. 100 de poussière provenant de pierre d'amiante pilonnée et 5 à 8 p. 100 de baryte blanche. Cette pâte est traitée par l'eau dans des moulins à papier ordinaires, et on la travaille comme la pâte à papier. Pour fabriquer, au moyen de cette pâte, un carton solide, résistant au feu et à l'eau et pouvant servir comme toiture pour des constructions légères, on recouvre de cette pâte des feuilles de carton ordinaires goudronnées ou imprégnées convenablement. L'application se fait sur la machine à papier, en coulant la pâte d'amiante sur le carton.

Peinture pour rendre le bois incombustible et le préserver de l'attaque des insectes.

Alun	60	grammes.
Sulfate de fer	60	—
Acide borique	30	—
Gélatine	19	—
Empois	6	—
Eau	1000	—

Puis colorer à volonté avec une couleur (M. *J. d'Almeida Lima*, Portugal).

Incombustibilité des toiles, bois et objets inflammables par le borotungstate de soude. — De nombreux produits chimiques ont été essayés pour empêcher la combustion des substances inflammables. Il faut réunir deux conditions : 1° obtenir un enduit protecteur qui arrête la combustion ; 2° il faut, de plus, que le produit employé ne rende pas l'atmosphère délétère. Il est un sel qui, je crois, n'a jamais été employé et que je laisse dans le domaine public pour qu'il puisse être appliqué : ce sel est le *borotungstate de soude*. On l'obtient par la dissolution de l'acide borique à chaud dans une dissolution de tungstate de soude. Les objets imprégnés de cette dissolution sont rendus incombustibles et il ne se dégage aucun gaz nuisible; tandis que les sels ammoniacaux, phosphate d'ammoniaque, sels de phosphore, rendent l'atmosphère irrespirable. Ce produit n'est pas d'un prix élevé, soit environ 3 francs le kilogramme. Le phosphotungstate de soude peut aussi être employé comme le borotungstate. Mais ce dernier sel est préférable. A propos de ce sel, je signale un fait qui mérite la plus grande attention : c'est que le borotungstate de soude en dissolution jouit de propriétés *antiseptiques* telles qu'il ne le cède en rien à tous les antiseptiques connus; sur mes indications il a été employé avec le plus grand succès contre l'angine couenneuse, pour le pansement des plaies et pour les lavages où l'on recherche les antiseptiques. La dissolution n'a pas d'odeur, mais la saveur en est amère (M. *Grognot*, ingénieur, à Chantenay-sur-Loire, Loire-Inférieure).

Produit vitreux employé comme enduit préservateur incombustible. — Fondre dans un creuset en terre : sable, 15 parties; carbonate de potasse, 10; chaux, 1 (M. *Jaggi*, à Libau).

Procéde au borate d'ammoniaque. — Les étoffes imprégnées de borate d'ammoniaque se carbonisent au contact d'une flamme, mais l'eau et l'ammoniaque se dégageant, l'acide borique entre en fusion et forme un vernis vitreux qui empêche la combustion.

Seulement ce sel est soluble dans l'eau. On pourrait alors laver les étoffes dans de l'eau tiède contenant un excès d'ammoniaque; si l'on y fait dissoudre de l'acide borique, il y aura formation de borate d'ammoniaque dont s'imprégneront les étoffes.

Procédés pour tanner les tissus. — Un inventeur belge a imaginé un procédé de préparation des tissus qui les rend non seulement imperméables, mais encore pour ainsi dire imputrescibles, sans leur faire perdre leur souplesse et sans augmenter sensiblement leur poids. Ayant remarqué le parfait état de conservation dans lequel se trouvent les bandes qui enveloppent la tête des momies égyptiennes que l'on découvre actuellement, lesquelles bandes sont imprégnées d'une sorte de résine, l'inventeur a eu recours aux substances extraites de l'écorce du bouleau, que l'on emploie à parfumer le cuir, dit de Russie.

Quand on distille la belle écorce blanche du bouleau, il se produit une huile claire, dont presque le quart consiste en un phénol spécial, ou acide carbolique, qui donne au cuir de Russie son odeur bien connue. Le résidu de cette distillation est un goudron vert, ni acide, ni alcalin, qui forme avec l'alcool une solution d'une très grande fluidité; ce produit une fois sec, n'est plus redissous par l'alcool. C'est cette substance, susceptible de s'unir aux plus brillantes couleurs, que l'inventeur emploie pour préparer les tissus.

CUIRS ET PEAUX.

Souplesse du cuir. — Pour rendre aux cuirs leur souplesse, il suffit très souvent de les tremper dans l'eau si ce sont des cuirs dits secs; mais, pour le cas des cuirs gras et en général pour tous les vieux cuirs, il faut passer par une série de manipulations qui nécessitent un travail que seule une de nos grandes maisons de mégisserie pourrait opérer; telle est la maison Marius Guillou, 241, rue Saint-Martin, à Paris (M. *E. Duprets*, ingénieur, à Paris).

Pour rendre la souplesse au cuir, il suffit de le mouiller légèrement en passant dessus une éponge imbibée d'eau, et *avant qu'il soit sec* passer dessus une légère couche d'huile de baleine : l'eau ramollit les fibres du cuir et l'huile a pour but de conserver cette souplesse (M. *Viallis*, à Châteauroux).

La maison Le Pileur frères, 78, faubourg Saint-Martin, prépare et vend un produit pour rendre aux vieux cuirs toute leur souplesse. Ces messieurs se chargeraient volontiers, je crois, de faire l'essai sur les cuirs qui leur seraient présentés (M. *E. Blot*, à Paris).

Odeur du cuir de Russie. — L'odeur particulière du cuir de Russie provient de l'emploi de l'huile de bouleau dans le traitement des peaux. Pour de plus amples détails voy. *Chimie industrielle* de Wagner et Gautier et autres traités (M. *Muller*, chimiste, à Mulhouse).

Autre procédé. — Pour donner au cuir ordinaire l'odeur du cuir de Russie, il faut le tanner avec du bois de santal (*Santalum album*, L.) et ensuite le corroyer avec une huile empyreumatique que fournit l'épiderme du bouleau (*Betula alba*, L.) et qui est appelée *bétuline*. La bétuline communique au cuir une odeur particulière et aromatique; elle passe aussi pour le rendre inattaquable aux vers et l'empêche de prendre l'humidité (Mlle *Marguerite Beleze*, à Montfort-l'Amaury).

Procédé pour enlever le vernis du cuir ou de la toile cirée. — Il suffit de verser de l'huile de naphte sur du vieux cuir ou de la vieille toile cirée pour que le vernis devienne mou, ce qui permet de l'enlever entièrement avec un racloir. Si le cuir ou la toile ne sont pas abîmés, il est facile de leur donner une nouvelle couche de vernis de la couleur voulue.

Traitement des peaux par l'acide borique. — M. J. Townsend, de Glasgow, emploie avec succès le procédé suivant pour le traitement des peaux fraîches ou salées. On prépare un mélange d'aluminate de soude et de potasse, et de 8 litres d'eau par kilogramme d'aluminate. Les peaux sont trempées dans cette solution, et après quelque temps de ce traitement, le poil s'enlève facilement. Une fois lavées à l'eau claire, les peaux sont plongées dans un bain contenant 2 à 4 p. 100 d'acide borique et lavées de nouveau à l'eau claire. Elles sont ensuite tannées d'après les procédés ordinaires. Le traitement par l'acide borique peut également être employé pour les peaux qui ont été soumises à l'action de la chaux. L'acide borique enlève l'excès de chaux, rend les cuirs plus propres au tannage et empêche par la même occasion la décomposition du tan quand on l'applique. Le borate de chaux soluble contenu dans les eaux de lavage peut également être mélangé au tan dans le même but. Au lieu de traiter les peaux par l'acide borique seul, après le bain d'aluminate ou de chaux, on peut aussi employer une solution d'acide borique et de sulfate d'alumine ou de tout autre sel soluble d'alumine. Le silicate de soude, ou le silicate de potasse est aussi employé au lieu d'aluminate dans le traitement préalable. Quand on fait usage de ces deux substances concurremment, il est préférable de commencer par le silicate.

PEINTURE.

Clarification de l'huile employée en peinture. — Après avoir rempli d'huile des bouteilles que l'on bouche avec soin, on les laisse reposer : un dépôt plus ou moins considérable se forme alors. On décante en transvasant dans un récipient, au moyen d'un siphon ou d'une pipette, l'huile clarifiée qu'on laisse de nouveau reposer pendant quelque temps. S'il ne se forme plus de précipité, on peut procéder au blanchiment des liquides. Pour cela, l'huile est placée dans des bouteilles (10 à 15 millimètres de distance entre les surfaces parallèles des bouteilles) que l'on ferme au moyen d'un tampon de coton et que l'on met en plein soleil. Les huiles peu chargées deviennent rapidement aussi limpides que l'eau. Pour décolorer les huiles fortement chargées de couleur, il est préférable de les filtrer d'abord sur du charbon d'os, puis seulement alors de les placer à la lumière.

Ce procédé permet de clarifier et de blanchir complètement l'huile en ne l'épaississant que fort peu.

Manière de peindre sur le ciment. — Il suffit d'employer l'acide chlorhydrique étendu d'eau : en enduire la surface à peindre et après un séjour plus ou moins long, laver proprement à l'eau fraîche; ce moyen réussit très bien. L'acide chlorhydrique a pour but d'attaquer la surface du ciment, la rend rugueuse et détruit le mordant de ce dernier (M. A. *Ruetschmann*, à Étain).

Autre recette. — Passer à trois reprises une solution à 5 p. 100 d'acide sulfurique dans l'eau, sur le ciment, la surface est transformée en sulfate de chaux (plâtre) et l'on peut peindre comme sur une cloison ordinaire quand la partie à peindre est devenue parfaitement sèche. Il est bon même de chauffer avec un réchaud de peintre avant de passer la première couche d'huile dite couche d'impression (M. *A. Gautier*, à Nantes).

Autre recette. — Pour peindre sur le ciment j'ai eu recours à l'enduit oléagineux de Vidy et Linard qui en font une grande application sur ciment à l'École pratique de médecine. Mais le procédé pratique qui m'a donné de bons résultats est celui découvert par les chimistes Faure et Kessler, de Clermont-Ferrand, et qui consiste à donner sur l'enduit une couche de fluosilicate double à 20° ou 40°, qui après avoir été lavée à l'eau le lendemain, essuyée ou séchée, peut recevoir ensuite les couches de peinture à l'huile. L'enduit en ciment n'est nullement abîmé, mais, bien au contraire, durci et amélioré; il résiste mieux à la pénétration de l'humidité (M. *A. Vaillant*, architecte, à Paris).

Peinture au graphite. — Une Compagnie américaine (*Joseph Dixon Crucible Company*) fabrique une peinture composée d'un mélange de graphite et d'huile d'olive. Cette peinture, destinée à être appliquée sur les constructions métalliques exposées à l'air, sur les cheminées des locomotives et des bateaux à vapeur, etc., résiste parfaitement aux variations de température. La Compagnie Dixon en a fait usage pour peindre les plaques de devant de chaudières; ces plaques, peintes depuis trois ans, ont conservé la même apparence.

Le graphite brut provient de la mine de Ticonderoga (État de New-York). — On en a consommé, pour cette application spéciale, 7 500 livres (3 398 k.) en 1885.

Les aquarelles et la lumière. — M. W. Simpson a récemment fait connaître le résultat de ses expériences sur la durée des couleurs employées pour l'aquarelle. Des lavis de différentes couleurs ont été préparés sur des morceaux de carton, chaque carton a été coupé en deux et l'une des moitiés conservée pendant quinze ans dans l'obscurité, tandis que l'autre était exposée durant la même période à la lumière de chaque jour. Les morceaux de carton sur lesquels devait être étudiée l'action de la lumière furent collés sur une feuille de papier qui fut placée dans un cadre et suspendue contre le volet d'une fenêtre exposée au levant.

Voici les résultats qu'a fournis, après quinze années, la comparaison entre les deux séries de lavis : n'ont pas éprouvé d'altération : ocre jaune, jaune citron, jaune permanent de Newman, terre de Sienne brûlée, brun Vandyke, terre d'Ombre brûlée, rouge clair, vermillon, rouge indien, bleu de cyanine, bleu de Prusse, cobalt, outremer, azur de Newman, noir de fumée. Ont pâli légèrement : brun rouge, vert émeraude, sépia romaine, bleu français. Ont pâli considérablement : jaune indien, jaune de chrome. Le jaune de cadmium n'a pas pâli, mais a pris une teinte plus brune. La garance brune a perdu un peu de son rouge. La laque cramoisie a presque disparu du papier : à une place où la couche de couleur était plus profonde, reste encore une bande brune. Le carmin est dans le même cas. La laque de garance a bien tenu, mais elle est devenue un peu moins rouge et s'est rapprochée du pourpre. La garance pourpre a bien résisté, mais elle a légèrement changé de nuance. L'indigo montre aux places profondes une légère teinte verdâtre; partout ailleurs le papier est redevenu à peu près blanc.

Crayons pour dessiner sur verre, porcelaine ou métaux. — On fabrique depuis quelque temps des crayons d'un nouveau genre, servant à écrire ou dessiner sur le verre, la porcelaine ou les métaux, en blanc, en rouge ou en bleu. La composition s'obtient par le mélange suivant : 4 parties de spermaceti, ou blanc de baleine, 3 parties de suif et 2 de cire, A cette composition, l'on ajoute, suivant la couleur à obtenir, 6 parties de minium (oxyde rouge de plomb); ou 6 parties de blanc de céruse (carbonate de plomb) ; ou bien encore la même proportion de bleu de Prusse. La masse ainsi préparée est débitée sous forme de bâtons. Ces nouveaux crayons auront, à n'en pas douter, des applications nombreuses, et il n'est pas inutile d'ajouter que les traits, marques, dessins, caractères qu'ils tracent, peuvent être facilement effacés.

FORMULES ET PROCÉDÉS DIVERS.

Solidification du pétrole. — Des expériences ont été faites en Russie pour trouver le moyen de solidifier le pétrole et d'en rendre ainsi le transport économique, propre et moins dangereux. D'après un rapport fait par le Dr Kauffman, qui a eu la direction de ces expériences, un moyen très simple a été trouvé pour obtenir ce résultat. Il suffit de faire chauffer l'huile, et d'y ajouter de 1 à 3 p. 100 de savon. Le savon se dissout dans l'huile, et le mélange, en se refroidissant, forme une matière ayant l'apparence du ciment et la dureté du suif comprimé. Cette matière ne s'allume pas facilement, brûle lentement et sans fumée, en produisant beaucoup de chaleur. Elle laisse un résidu noir et dur d'environ 2 p. 100.

Utilisation des déchets de caoutchouc. — Dans la plupart des ateliers, les déchets de caoutchouc, provenant des garnitures de joints, des bouts de tubes, etc., sont assez nombreux. Il est facile d'utiliser ces déchets. A cet effet, on les met avec de l'huile de lin dans une marmite de fer et on chauffe en remuant pour obtenir une pâte homogène. On mélange cette pâte avec du goudron bouillant, à raison de 5 kilogrammes de pâte par 100 kilogrammes de goudron, et on obtient ainsi un produit que l'on peut employer avantageusement à rendre imperméables les murs de caves, les toitures en carton, les cloisons en planches, etc. Ce revêtement est plus résistant que le goudron seul, et, par suite de l'élasticité du caoutchouc qui s'y trouve mélangé, il ne se fendille pas.

Conservation des rondelles de caoutchouc. — On empêche les rondelles de caoutchouc rouge des bouteilles à fermeture hermétique de se durcir, en les plongeant de temps en temps, pendant un moment, dans de l'eau additionnée d'un peu d'ammoniaque liquide. Il faut éviter de plus, quand les bouteilles sont vides, de les garder dans un endroit trop froid.

Le gaz de copeaux. — Dans l'usine à gaz appartenant à M. Georges Walker, à Desoronto (Ontario), on fabrique actuellement du gaz de copeaux qui remplace avantageusement le gaz de charbon.

Comme matière première, on utilise des copeaux de sapin bien sec. Les cornues employées sont analogues aux cornues ordinaires ; mais les procédés de purification diffèrent sensiblement, les impuretés n'étant pas les mêmes que celles du gaz ordinaire. Le bois résineux est celui qui convient le mieux.

Dans les pays où les copeaux se trouvent en abondance et à bon marché, et où le charbon de bois et les produits accessoires de la distillation du bois trouvent un bon débouché, il semble que ce procédé doit être avantageux.

Moyen d'empêcher le bois de jouer. — En Sardaigne on imprègne le bois à ouvrer avec du sel marin et on empêche ainsi tout mouvement du bois travaillé. On met, par exemple, les pièces de bois uni devant servir pour la fabrication de roues, pendant huit jours dans une solution saturée de sel et ils résistent ensuite à tous les changements de température.

Mode de réparation des vieilles boiseries. — Plonger les vieilles boiseries vermoulues dans un bain chaud composé de gélatine et de colle forte. Ce bain doit être assez limpide pour que le liquide pénètre bien dans les pores du bois ; il doit être enfin additionné d'une essence odorante quelconque pour empêcher la vermine de se loger de nouveau dans les sculptures en question. C'est à un procédé analogue que l'on est redevable de la reconstitution de nos gigantesques animaux antédiluviens (Iguanodons de Bernissart), et dont les débris tombaient en poussière aussitôt qu'ils arrivaient à l'air (M. *Émile Closset*, à Bruxelles).

Givre artificiel. — Vous faites une solution concentrée de sulfate de zinc dans de l'eau légèrement gommée et vous étendez cette solution sur les vitres de vos fenêtres. Cinq minutes après, vos vitres sont couvertes de givre (ou de cristaux imitant le givre) et, par les chaleurs de l'été, c'est une vue qui peut procurer de la fraîcheur aux personnes douées d'imagination.

Fabrication des taffetas gommés. — Les taffetas gommés, dont on fait un si heureux usage pour le pansement des blessures, se préparent d'une façon très simple. On prend de l'huile de lin cuite dans laquelle on ajoute à chaud 4 p. 100 de litharge (oxyde de plomb), et 18 p. 100 de gomme arabique. En agitant fortement on obtient une liqueur sirupeuse qui, étendue au pinceau sur du taffetas, lui donne l'aspect et l'imperméabilité voulus. La litharge agit dans cette préparation comme un siccatif énergique. Les différences de fabrication dépendent du plus ou moins d'habilité avec lequel l'enduit est posé, et surtout du degré de coloration de l'huile de lin cuite employée.

Tannage à la pyrofuchsine. — M. Reinsch a fait breveter un procédé de tannage à la pyrofuchsine qui est, paraît-il, très bon pour les courroies de machine ; les courroies traitées par ce procédé conservent parfaitement leur souplesse et leur solidité même lorsqu'elles sont exposées à l'action successive de l'air humide, de l'air chaud ou du soleil. La pyrofuchsine peut se préparer expérimentalement de la manière suivante : on prend 2 à 3 kilogrammes de houille que l'on traite à chaud par une solution contenant environ 100 grammes de soude caustique, le liquide tiendra en solution 2 à 3 p. 100 de pyrofuchsine ; si l'on neutralise avec un acide on obtient un précipité de pyrofuchsine pesant à l'état humide de 25 à 30 grammes. Industriellement, on fait digérer de la houille bien pulvérisée dans la soude caustique bouillante et on précipite à l'acide chlorhydrique ou azotique. La plupart des houilles et lignites se prêtent à cette fabrication, cependant l'anthracite ne donne aucun résultat. La pyrofuchsine a une grande stabilité chimique et résiste à l'action de la plupart des réactifs, ainsi qu'à l'action de l'air et de la lumière ; ses solutions alcalines sont des antiseptiques très énergiques.

La purification du mercure. — Tous nos lecteurs savent combien il est difficile de bien nettoyer le mercure avec des dissolutions oxydantes telles que l'acide nitrique, le nitrate de mercure, le perchlorure de fer, etc. Le procédé est peu commode et parfois aussi peu efficace.

On a présenté récemment à la *Société chimique de Paris* un procédé fort simple pour purifier le mercure et qui repose sur l'idée d'épuiser l'action oxydante de l'air sur les impuretés que peut renfermer ce métal.

L'appareil employé consiste en un tube de verre de 5 centimètres de diamètre et de $1^m,50$ de longueur couché dans une gouttière de bois légèrement inclinée. L'extrémité inférieure est fermée par un bouchon qui porte un tube à entonnoir servant à verser le mercure et un tube à robinet pour le retirer. L'autre extrémité communique avec une trompe, et on aspire pendant un certain temps des bulles d'air à travers le mercure. Le procédé convient particulièrement quand il s'agit d'enlever une petite quantité d'impuretés, par exemple, pour du mercure qui est tombé par terre, ou pour un bain souillé par un peu de plomb, de zinc ou d'étain. Après quelque temps de marche du courant d'air, on voit se former à la surface une poussière noire, formée des oxydes des différents métaux. Ces impuretés sont balayées vers la partie supérieure du tube, et entassées de façon que la surface métallique du mercure est tout à fait nette.

Colorations vertes inoffensives. — Le crin dit

racine d'Angleterre, ou crin de Florence, ou boyau de ver-à-soie employé pour la pêche à la ligne, se colore en *vert d'eau* en le faisant infuser dans du thé bouillant ; en *vert plus foncé* en le faisant bouillir dans de la bière avec une pincée de noir de fumée, une d'alun et une troisième de feuilles de noyer (M. *Paul Dive*, à Ustaritz).

Voici quelques couleurs vertes inoffensives : 1° Mettre des feuilles d'*épinards* ou d'orties (*urtica urens*, l'orties des chemins) en macération dans l'alcool. Le résultat sera d'autant meilleur que l'alcool sera plus concentré ; 2° traiter le suc de nerprun par une trace de carbonate de soude ou d'ammoniaque ; 3° traiter une infusion de pétales de violettes par un alcali ; 4° mélanger le sulfate d'indigo et la teinture de curcuma, mais l'alcool employé ne sera pas très concentré ; 5° mélanger du bleu de méthylène avec la crisoïdine. Le vert obtenu sera splendide, mais serait-il bon d'employer des couleurs d'aniline dans la consommation ?

Coloration des liqueurs en vert. — *On peut colorer en vert* une liqueur en filtrant le suc vert d'épinards, faisant sécher le filtre et le traitant par l'alcool, qui se teint en vert. Le suc d'épinards s'obtient en pilant la plante dans un mortier de bois ou de marbre ; on exprime, et on clarifie le suc par filtration (*M. B. Del Carpio* et *M. Gossin*, à Paris).

Sur le platinage du verre. — Le platinage des

verres au moyen du procédé Dodé a été abandonné depuis longtemps ; j'estime qu'il y aurait peut-être là d'intéressants essais à reprendre. Effectivement la glace platinée qui existe dans les galeries des Arts et Métiers ne peut plus être considérée que comme curiosité, car au point de vue industriel, le platinage ne pouvant s'obtenir que sur glace ou verre de petit volume, a été abandonné aussitôt que les divers perfectionnements apportés à l'argenture ont permis à ce nouveau procédé d'être employé économiquement et pratiquement d'une façon générale. Le platinage demande tout d'abord, pour être bien réussi, des coups de main spéciaux, mais exige surtout une cuisson au rouge sombre de la pièce platinée. Cette seule manipulation le ferait abandonner aujourd'hui, étant donnée la grande dimension des glaces généralement employées. De plus, le platinage offre cette particularité d'être établi à la surface même de la glace reflétante, tandis que l'argenture actuelle est appliquée au-dessous, ce qui lui en assure une meilleure préservation. Enfin un platinage même bien fait n'aura jamais un reflet aussi blanc que l'argenture. La glace platinée pourrait cependant trouver à être utilisée dans certains instruments d'optique, et précisément parce que le platine se trouvant à la surface de la glace on évite de cette façon la divergence des rayons et la coloration qui se produit nécessairement au travers l'épaisseur de la glace argentée. Il y a bien encore la question de curiosité. J'ai eu entre les mains quelques-unes de ces glaces platinées, elles sont amusantes à considérer à leur double point de vue de miroir et de glace transparente. En Suisse je crois même qu'il existe encore une application originale de ce phénomène. Ladite glace se trouve encadrée comme toute glace ordinaire mais avec un fond mobile. Quand on considère cette glace comme miroir, on baisse le fond mobile qui pour cet usage est peint en noir. Après avoir fait apprécier la glace comme miroir, on lève le fond noir et alors le miroir disparaît et on aperçoit une photographie en transparence. J'avais repris un moment le platinage pour petits volumes, mais n'y voyant pas de débouché commercial en raison de son prix de revient et des défauts que je vous ai signalés ci-avant j'ai abandonné mes recherches (M. *E. Barbou*, à Paris).

Sur l'emploi du verre platiné. — J'ai eu la bonne fortune, il y a quelques années, d'acquérir un certain nombre de ces plaques de verre platiné; et, fréquemment elles nous rendent service dans la construction de nos instruments de précision : soit comme miroirs solides, n'ayant *qu'une surface réfléchsssante;* comme *rhéostats* divers, la surface de ce verre platiné *étant conductrice*, la résistance électrique varie assez rapidement avec la longueur introduite dans le circuit ; cette surface est très solide, elle résiste au frottement. Cette surface métallisée peut recevoir divers dépôts galvaniques ; elle peut se prêter à bien des usages. Fréquemment, à nos amis, nous leur offrons une surprise ; c'est un *lorgnon* garni de verres ainsi platinés. Ce lorgnon est assez original : ces verres ont, *pour se garantir du soleil*, tous les avantages du verre « fumé » ; mais alors on peut diriger sur son interlocuteur les rayons du soleil, *qu'on ne reçoit plus*, et, au travers des verres, juger de l'effet produit. » (M. *E. Ducretet*, à Paris.)

Terre à modeler. — Pour obtenir de la terre à modeler qui ne sèche jamais, il suffit de pétrir de la terre à modeler ordinaire avec une petite quantité de glycérine, environ un quart ou la moitié du poids de la terre humide. Au bout de quelques jours l'eau sera évaporée, et la terre ne sera mouillé que par la glycérine qui ne s'évapore pas et conservera toujours sa souplesse ; même en restant à découvert. Quelques essais auront vite fixé le modeleur sur la quantité de glycérine à employer suivant le plus ou moins de malléabilité qu'il désire. Je crois que cette recette sera très utile à tous ceux, artistes ou ouvriers, qui emploient la terre à modeler (M. *Auguste Palun*, à Avignon).

Moyen de ramollir la corne. — Pour ramollir la corne on la fait séjourner deux jours dans l'eau froide puis on la laisse tremper quelque temps dans l'eau bouillante. On peut utiliser et souder ensemble les rognures de corne en les comprimant dans un moule en laiton jusqu'à ce qu'elles prennent la forme du moule. Puis on les laisse refroidir spontanément et on les trempe dans l'eau froide (M. *André Bérard*, à Passy).

Le travail de l'ivoire. — Cette substance étant dure, cassante et d'un prix assez élevé, il y aurait grand avantage à la ramollir et à pouvoir la mouler. Voici deux procédés que les intéressés peuvent mettre en pratique et modifier suivant les circonstances:

On fait tremper l'ivoire dans une solution d'acide phosphorique de densité 1,3, jusqu'à ce qu'il perde son opacité et devienne plus ou moins transparent. On le lave à l'eau froide, et l'on a une substance aussi élastique que le cuir, qui peut recevoir toutes les formes : on peut y faire pénétrer une tige, une vis ou une fourrure à demeure. Laissé à l'air, il ne tarde pas à reprendre sa consistance ordinaire, mais il redevient flexible si on le plonge dans l'eau chaude.

On amollit complètement l'ivoire en le faisant tremper pendant trois ou quatre jours dans un bain contenant une partie d'acide nitrique pour cinq parties d'eau.

Les objets durcis ne réclament plus que le polissage (*Moniteur industriel*).

Recettes pour colorer le marbre. — Une solution de nitrate d'argent teint le marbre en *noir* (il faut exposer à la lumière le marbre imprégné de nitrate) ; une solution de vert-de-gris appliquée chaude, en *vert ;* une dissolution de carmin, en *rouge ;* le piment dans l'ammoniaque, en *jaune;* le sulfate de cuivre, en *bleu;* la solution de fuchsine, en *pourpre*. Le marbre doit être préalablement chauffé avant l'application des solutions (M. *E. Brezinski*, à Saint-Denis).

Nouveau procédé d'émaillage de terres

cuites. — On sait que pour émailler les métaux on les chauffe ordinairement dans des fours à moufle jusqu'à ce qu'ils aient atteint la température convenable, puis on les retire rapidement; on les saupoudre d'émail en poudre et on les replace dans le four jusqu'à ce que l'émail se soit fondu. Ce procédé ne peut guère être employé pour les terres cuites ordinaires, qui ne peuvent supporter sans se fendre ces refroidissements et ces échauffements brusques. Cependant, il paraît que la Société du Familistère de Guise, Godin et Cie est parvenue à composer une pâte céramique qui résiste à ces différences de température.

Celle-ci se compose essentiellement de scories de hauts fourneaux et de cubilots, ou de toute autre matière vitrifiée fondue, telle que le verre, ou de matière volcanique telle que la lave.

Ces scories sont largement arrosées d'eau, puis broyées et mélangées avec une terre argileuse suffisamment plastique. Les argiles réfractaires semblent devoir donner les meilleurs résultats. La pâte ainsi obtenue est moulée et façonnée, puis séchée d'après les procédés ordinaires de la céramique.

La cuisson se fait, comme il a été dit, dans des fours à moufle. Les pièces y sont laissées jusqu'à ce qu'elles aient atteint la température du rouge franc. On les retire alors une à une du moufle, au moyen de pinces *ad hoc* et on les saupoudre successivement avec de l'émail réduit préalablement à l'état de poudre fine. Aussitôt que les parties à émailler sont recouvertes d'une couche suffisamment épaisse de poudre, on les remet dans le moufle et on continue le chauffage jusqu'à ce que l'émail soit fondu.

Des produits fabriqués de cette manière trouvent depuis quelque temps leur application à Guise, pour la confection de revêtement de poêles et d'autres ustensiles de chauffage.

Nous avons cru utile de signaler ce procédé emprunté à l'émaillage des métaux, qui pourra peut-être trouver quelques applications pour l'émaillage des terres cuites ordinaires, à la condition, bien entendu, d'être appliqué sur une pâte peu sensible aux différences de température (*Jour. du céram. et du chauf.*

PHOTOGRAPHIE

Développement à l'hydroquinone. — Depuis un an environ que nous avons donné nos premières notes sur ce révélateur, nous avons fait de nombreuses expériences pour nous assurer que la manière d'opérer que nous avions indiquée dès le mois de janvier 1888 était la bonne. Mais nous avons reconnu bien vite que nos formules, qui marchaient bien pendant les mois d'hiver, devaient subir une modification pendant les mois du printemps et de l'été où règnent de grandes lumières. D'autre part, nous avons été heureux de trouver, dans des renseignements qui nous ont été donnés à ce sujet par des amateurs distingués, une confirmation de nos observations personnelles, et nous croyons pouvoir soumettre aujourd'hui à nos lecteurs une méthode précise de développement à l'hydroquinone qui, nous l'espérons, rendra des services sérieux à ceux qui, comme nous, sont convaincus des qualités et de l'énergie de ce révélateur. Tout d'abord, il est essentiel que le bain soit bien préparé afin qu'il ne se détériore pas. On voudra donc bien se conformer à la manière de faire que voici : on préparera d'abord, et en certaine quantité, si on travaille beaucoup, les solutions suivantes :

1°	Eau ordinaire	1 litre.
	Sulfite de soude.....	250 grammes.

2° Eau ordinaire .... 1 litre.
Carbonate de soude.. 250 grammes.

Une fois ces solutions bien faites, on les laissera reposer et on les décantera pour l'usage.

Quand, par la suite, on voudra préparer un bain d'un litre d'hydroquinone, on fera chauffer au bain-marie, dans un flacon, 300 centimètres cubes de la solution de sulfite. Dès que la température se sera élevée de 60° à 70° environ, on retirera le flacon du feu et on y mettra 10 grammes d'hydroquinone. Ce corps se présentant dans le commerce soit sous la forme de poudre, soit sous la forme de petits cristaux, nous préférons de beaucoup la poudre, qui se conserve plus lontemps.

On dissoudra ces 10 grammes dans la solution chaude de sulfite, jusqu'à ce qu'il ne reste plus rien au fond du flacon. On fera même couler avec soin dans le liquide les quelques cristaux qui ne manqueront pas d'adhérer au goulot de la bouteille. Puis, quand on sera sûr ainsi que tout l'hydroquinone a disparu, on finira en mettant dans le même flacon 600 centimètres cubes de la solution de carbonate de soude. On agitera le tout. On bouchera avec un bouchon neuf, et on laissera reposer.

Dans ces derniers temps une critique s'est élevée contre cette façon de faire ce révélateur. On a prétendu que notre proportion de sulfite était trop forte. Nous n'hésitons pas à répondre que le sulfite *en quantité* est nécessaire : pour nous le sulfite de soude est comme le *secret* du révélateur à l'hydroquinone. Nous nous sommes toujours rendu compte qu'une grande quantité d'alcalin, par exemple, de carbonate, était nécessaire pour obtenir un développement énergique et rapide pour les clichés instantanés. Mais l'alcalin fait rougir immédiatement l'hydroquinone et ce n'est qu'avec beaucoup de sulfite qu'on peut le ramener au blanc. Nous avons donc cherché la limite. Dans notre formule il entre 7gr,50 pour 100 de sulfite et 15 grammes de carbonate. Nous avons essayé de diminuer le sulfite tout en conservant la même dose de carbonate. Ne mettant alors que 2gr,50 de sulfite pour 100 de liquide, nous avons fait un bain qui se décomposait vite. Jusqu'à 5 p. 100 le même effet s'est produit. Mais avec 7gr,50 le bain est resté blanc, toujours en mettant la même quantité de carbonate. Ah, sans doute, vous pourrez diminuer le sulfite, mais il faudra diminuer le carbonate proportionnellement ! Vous aurez alors, quoi qu'on en dise, un bain bien moins énergique et qui en outre se décomposera. Cette conséquence fâcheuse des bains faibles en sulfite, que reconnaît même un de nos contradicteurs, nous a engagé à conserver définitivement la formule que nous venons de donner et qui contient 7gr,50 de sulfite p. 100, proportion peu exagérée.

Mais on a ainsi un bain très énergique, développant à merveille les clichés à grandes vitesses. Je crois devoir avertir nos amateurs que s'ils développaient avec ce bain, employé *pur*, les clichés instantanés ordinaires, c'est-à-dire faits avec les obturateurs ordinaires du commerce, ces clichés se développeraient trop vite. Les blancs ne se conserveraient pas, et les noirs eux-mêmes deviendraient gris. On croirait presque à un voile : mais un œil exercé reconnaîtra là bien vite une surexposition évidente. Si pareil cas se présentait, vous n'auriez qu'une ressource, ce serait de pousser suffisamment le développement afin d'avoir des oppositions qui finiront par vous permettre de tirer le cliché. Mais il ne faut pas que cela arrive : en conséquence, toutes les fois que vous n'avez pas à développer de ces clichés difficiles qui se font avec des obturateurs très rapides, toutes les fois que vous aurez travaillé par une belle lumière, par un beau soleil et en employant les vitesses ordinaires, le 60ᵉ, le 80ᵉ, voire même le 100ᵉ de seconde, vous ferez bien de ne pas employer ce bain pur, et de le mélanger avec du bain ayant, par exemple, servi à développer *la veille* une série d'une demi-douzaine de clichés instantanés.

Cela revient à dire qu'il faut avoir à sa disposition du bain ayant déjà servi. Mais, nous direz-vous, comment fera-t-on si l'on n'en a pas? Dans ce cas, *on modifiera le bain neuf* et l'on préparera un premier bain spécial ainsi composé :

On prendra :

Bain neuf............	100 centimètres cubes.
Eau..............	50 — —

Et très exactement :

Acide acétique cristallisable.......	15 gouttes.

On peut aussi ne prendre que du bain neuf et lui ajouter 10 gouttes d'acide acétique pour 100 centimètres cubes de bain employés.

Cela fait, il ne peut plus se présenter à l'opérateur que deux cas :

Premier cas. — Il a des clichés posés à développer : il n'aura qu'à employer son bain modifié comme nous venons de le dire. Le développement se fera à la fois lentement et suffisamment vite. Les blancs se garderont merveilleusement. Le bain sans eau avec une simple addition de 10 gouttes d'acide acétique cristallisable pour 100 centimètres cubes de liquide est plus rapide que celui auquel on ajoute une petite proportion d'eau. Nous préférons donc celui-ci.

Deuxième cas. — L'opérateur veut développer des instantanés. Dans ce cas, il prendra environ 70 centimètres cubes de son bain neuf pur tel qu'il aura été préparé avec la formule qui se trouve en tête de cet article, et il les additionnera de 30 centimètres cubes du bain modifié. S'il travaille à la mer, la proportion variera : il pourra prendre parties égales du bain neuf et parties égales du bain modifié.

Le bain ainsi fait servira, je suppose, à lui développer six clichés instantanés, ou même plus suivant les conditions favorables dans lesquelles il aura fait son exposition à la chambre noire. Quand il aura fini de travailler, il mettra son bain dans un flacon spécial et il aura ainsi pour travailler le lendemain un bain d'hydroquinone ayant déjà servi et qu'il mélangera à son bain neuf dans diverses proportions suivant les travaux qu'il aura à exécuter. Il suffit donc de conserver spécialement pour le lendemain ou pour un jour plus éloigné (l'hydroquinone n'oblige pas à travailler tous les jours) 100 centimètres cubes du dernier bain employé, pour se trouver toujours dans les mêmes conditions. Le surplus du bain, on le mettra, si on veut le garder, dans un grand flacon spécial et il ne servira qu'à certains travaux dans lesquels l'opposition et la dureté sont particulièrement désirables.

Il ne nous reste plus qu'à expliquer dans quelles

proportions on ajoutera le bain neuf au bain vieux chaque fois que l'on se mettra de nouveau à travailler. Comme il est impossible de passer en revue tous les cas qui peuvent se présenter, posons en principe cette observation que nous avons faite dans nos nombreuses expériences et qui n'a jamais subi d'exception : *Le bain neuf tend à donner gris, et, par conséquent, donne la douceur ; au contraire, le bain vieux tend à accuser fortement les oppositions et, par conséquent, donne la dureté.* En combinant les deux, suivant les circonstances, et en variant les quantités de l'un et de l'autre, on peut obtenir toutes les gammes de clichés quelconques.

Pour finir, nous donnerons quelques exemples des mélanges à employer.

A la mer avec un obturateur très rapide, par exemple, le nôtre qui donne le 250e de seconde et qui a été construit spécialement pour faire nos expériences sur les chevaux au trot, nous développons sans peine un cliché avec moitié bain neuf et moitié bain vieux ayant servi auparavant à faire, par exemple, de six à dix clichés environ.

A Paris, par beau temps, avec la même vitesse, nous emploierons 80 p. 100 de bain neuf et 20 p. 100 de bain vieux. Avec des obturateurs moins rapides on pourra augmenter la dose de bain vieux jusqu'à 50 et même 100 p. 100.

Nous avons fait de très bons groupes dans un jardin avec une partie de bain neuf pour deux de bain vieux : nous avions posé deux secondes.

Pour un portrait à l'atelier ayant posé cinq secondes, on met avec succès parties égales des deux bains. Cet essai a été fait avec un objectif double de

Ross de 45 centimètres de foyer, le diaphragme avait 40 millimètres de diamètre et la distance du modèle était de $3^{m},50$. Nous avons obtenu un portrait moins énergique, mais peut-être un peu plus doux en employant 75 parties de bain neuf pour 30 de vieux.

Le même bain a ensuite très bien développé un groupe en plein air fait avec dix secondes de pose, ce qui était excessif, mais la pose avait eu lieu sous un arbre. Le modèle était à 12 mètres et l'objectif avait 22 centimètres de foyer.

Pour les reproductions, surtout de gravures, ou de trait, pour les projections, les transparents, etc., il faut toujours se servir de bains vieux, et le plus souvent rien que de bains vieux.

Pour les tableaux, il faut du bain vieux avec 40 p. 100 de bain neuf. Bref, quand la pose augmente, le bain vieux doit augmenter. Aussi pour une pose très longue on pourra ne mettre que du bain vieux.

Tel est le résumé de nos expériences, consigné avec le plus grand soin; nous ne doutons pas un instant que ceux de nos lecteurs qui suivront ces notes ne réussissent immédiatement. Les commençants eux-mêmes peuvent s'y fier, ils auront avec ce procédé moins de déboires qu'avec aucun autre; quant aux praticiens déjà consommés, ils trouveront dans l'hydroquinone la réalisation de leurs rêves, c'est-à-dire des clichés bien purs et surtout des blancs se conservant admirablement pendant tout le temps du développement.

Pour terminer, nous ne devons pas omettre de dire que les cuvettes en verre, les flacons et les tables doivent être absolument propres, et n'avoir pas servi à l'acide pyrogallique, ce qui décomposerait immédiatement notre bain d'hydroquinone (M. *G. Balagny*, à Paris).

Papier transparent photographique. — On vient de publier un brevet de MM. Woodhury et Vergara pour la production d'un papier transparent destiné, dit-on, à remplacer le verre dans les opérations photographiques, et à servir, en outre, à un grand nombre d'autres usages. Ce procédé consiste à prendre un papier assez mince et à texture fort homogène que l'on fait passer successivement dans les bains suivants :

1° Benzine 32 onces, gomme dammar 61 onces; on mêle bien ces deux substances pendant vingt-quatre heures, jusqu'à ce que la gomme dammar soit entièrement dissoute;

2° Benzine 2 onces, gomme 1/2 once; mêler comme ci-dessus.

Ces deux solutions résineuses sont mêlées ensemble et le produit filtré à travers de la mousseline fine.

Le papier est traité, une feuille à la fois, et séché à une température de 26 à 28 degrés centigrades. Ainsi préparé, on fait passer dans un second bain qui consiste en :

Gélatine, 2 onces, eau 40 onces. On laisse alors sécher le papier à une température modérée.

Une feuille de papier rendue transparente de cette manière est propre à recevoir une couche d'émulsion comme la plaque de verre. De plus, on peut s'en servir pour tracer les dessins, etc., et pour le dessin ordinaire (*Moniteur de la photographie*).

Photographie sur bois. — *Préparation des blocs.* — Gélatine, 12 grammes; savon blanc, 12 grammes; eau, 768 grammes. On laisse tremper la gélatine dans l'eau pendant quelques heures, puis on la dissout au bain-marie. On ajoute alors le savon coupé en petits morceaux, on agite avec un bâton de verre, de façon à bien mélanger le tout, puis on met dans le mélange de l'alun en poudre jusqu'à ce que la mousse ait disparu. On passe à travers une mousseline.

Le bloc est alors recouvert de ce mélange et d'un peu de blanc de zinc, puis on essuie de façon à ne laisser qu'une couche très mince; on termine l'opération en frottant doucement, de manière à bien égaliser l'enduit, puis on laisse sécher.

On applique alors la composition que nous donnons plus loin au moyen d'un blaireau. Ce pinceau doit être assez large, parce que, souvent, si on n'opère pas très promptement, les reprises sont visibles sur l'image terminée. Une couche donnée en passant le pinceau d'un bout à l'autre, suffit. On laisse après cela sécher la surface.

Composition.

Albumine	480 cc.
Eau	360
Sel ammoniac	18 grammes.
Acide citrique	5 —

On bat l'albumine en neige, puis on laisse reposer; c'est la partie limpide qu'on emploie. On ajoute l'eau, puis le sel ammoniac en agitant soigneusement avec un bâton de verre, et enfin on met l'acide citrique. Le bloc bien sec est prêt à recevoir la sensibilisation.

Solution sensibilisatrice. — Nitrate d'argent, 50 grammes; eau distillée, 420 grammes. On verse une petite quantité de ce liquide sur le bloc, on l'étend avec un bâton de verre, et l'excédent est rejeté dans un flacon pour servir une autre fois après avoir été filtré. Une fois sec, le bloc peut être exposé sous un négatif. Le tirage doit être exactement au ton voulu, parce que l'image ne perd pas dans les opérations suivantes. L'impression obtenue, le bois est placé, face dessous, pendant trois minutes dans une cuvette pleine d'eau fortement salée.

Cette opération affaiblira légèrement l'image. On lavera sous un filet d'eau et on fixera dans une solution saturée d'hyposulfite de soude en plaçant le bois, face en dessous, pendant quatre à cinq minutes dans la cuvette contenant cette solution; alors on verra tous les détails de l'original. On lave sous un filet d'eau pendant environ dix minutes, et l'on fait sécher en mettant le bloc sur champ. On peut alors le livrer au graveur.

L'image peut, si on le désire, être virée par un des moyens usités pour les autres subjectifs. En pratique, on trouvera ce procédé bon, rapide, simple et donnant de très beaux résultats. Il convient très bien pour la gravure sur bois, en ce qu'il n'offre pas de couche perceptible et que l'image est nette et pure. *E. Frewing* (*Year Book* et *Moniteur de la photographie*).

Production des verres photographiques pour projection. — Se servir de plaques assez lentes, préparées avec une émulsion spéciale (on en trouve de très bonnes chez Vernon, 21, rue du Sentier, à

Lyon, Croix-Rousse). Si l'on opère par réduction directe d'un cliché de plus grande dimension, poser de trente à cent secondes, suivant le jour et le degré de transparence du cliché. Si l'on opère par application, poser à la lumière d'une bougie, de six à dix secondes. Développer à l'oxalate et au fer (spéciaux pour cet objet, se trouvent chez Mazot, 7, rue Saint-Antoine à Lyon), pousser le positif ainsi obtenu jusqu'à transparence presque complète de l'image, bien laver (plusieurs heures à l'eau courante, si c'est possible) après fixage à l'hyposulfite. Faire sécher, et ensuite renforcer légèrement au bichlorure de mercure et à l'ammoniaque, ce qui donne à l'image des tons chauds, et révèle des détails d'une grande finesse. Je pense que ceux qui essayeront cette méthode sont photographes; qu'ils savent que par réduction directe, le jour ne doit venir à l'objectif que par le cliché à reproduire, et que celui-ci doit être appliqué contre un verre douci, pour que les objets extérieurs ne puissent venir se reproduire sur la plaque.

Préparation d'un verre convenable pour l'éclairage d'un laboratoire de photographie. — *The Amateur Photographer* donne le procédé suivant, dû à M. Cassau :

Pour couvrir une feuille de verre de $1^m,50$ carré, on prépare les deux solutions suivantes :

Solution A.

Carmin........................	5 grammes.
Ammoniaque liquide............	40 c. c.

Solution B.

Acide nitrique..................	2 grammes.
Eau..........................	450 —
Glycérine......................	7 —

On ajoute à la solution B 50 grammes de gélatine, qu'on laisse tremper une heure, puis on fait dissoudre au bain-marie. Quand la dissolution est complète, on ajoute la dissolution A. Cette composition, maintenue liquide par le bain-marie, est appliquée sur le verre au moyen d'un large pinceau plat. On répète l'opération, lorsque la couche est sèche, jusqu'à ce que l'on ait obtenu la teinte voulue. Si l'on veut éviter l'éclat de cette couleur rouge, qui fatigue la vue, on met par-dessus un ou deux doubles de papier jaune au lieu de rideaux.

M. Stolze propose, pour le même but, une émulsion de 10 parties d'azotate de plomb dans 100 parties d'eau et une quantité suffisante de gélatine. Il ajoute à cette solution, en agitant continuellement, 6 parties de chromate de potasse ou 4 parties de bichromate. Après que l'émulsion a été refroidie et a fait prise, on la lave comme l'émulsion ordinaire, et on recouvre les plaques de verre employées par l'éclairage du laboratoire. Cet éclairage est excellent et ne fatigue pas la vue.

Épreuve de photographie positive à la sépia, sans argent. — 1° On délaye dans l'eau une certaine quantité de sépia préparée en pastille pour l'aquarelle, et l'on forme un liquide juste assez épais pour s'écouler du vase qui le contient.

2° On prend alors :

De ce mélange........................	1 partie.
Solution saturée de bichromate de potasse............................	4 —
Solution aqueuse de gomme arabique, ayant consistance d'un vernis léger.	4

Mélangez et étendez avec une brosse plate sur le papier fixé sur du carton; laissez absorber pendant deux minutes, et sans que la couche sèche nulle part.

Faites pénétrer le liquide dans le papier, jusqu'à ce que celui-ci présente une teinte égale, brune ou gris jaunâtre ; terminez le séchage au feu.

L'exposition peut varier en plein soleil de cinq à six minutes, tandis qu'à la lumière diffuse on peut poser une heure à deux.

Quand l'épreuve sort du châssis, on la plonge dans une eau légèrement tiède pour la développer.

Peu à peu l'image se dépouille; lorsque l'on juge l'effet arrivé, on la passe sous un robinet d'eau froide et l'on fait sécher en la suspendant par un angle, et l'épreuve est finie une fois sèche (M. *D. D' Lacric*, à Bordeaux).

Épreuves photographiques de couleur. — La formule indiquée ci-dessus peut servir à obtenir des épreuves de toute couleur en délayant une poudre inerte quelconque, rouge, noire, etc., dans de l'eau jusqu'à la consistance indiquée pour la sépia, mais il faut prévenir, ce me semble, l'expérimentateur novice, qu'il faut que cette solution soit étendue et séchée dans le laboratoire à la lumière jaune, pour que le bichromate de potasse ne devienne pas insoluble avant l'exposition dans le châssis. Ce procédé est excellent pour la reproduction des traits, mais il ne donne pas très facilement, à ce que je crois, les demi-teintes. J'ai des épreuves sépia avec le papier salé et passé au bain d'argent en le virant au bain de virage et fixage combiné dont voici la formule :

a. Eau........................	1000	grammes.
Hyposulfite de soude.........	700	—
b. Eau........................	500	—
Chlorure d'or pur............	1	—

On ajoute 150 grammes de la solution *b* à la totalité de la solution *a*, huit ou dix heures avant l'usage. Cette solution sert indéfiniment si on a soin de la renforcer après chaque emploi, dans la proportion ordinaire d'or pour chaque feuille virée ; on ajoute aussi de la solution neuve d'hyposulfite. Il faut mettre la solution d'or *dans* celle d'hyposulfite et non point l'inverse qui troublerait le mélange.

Ce virage fixage, qui donne des tons un peu roux avec le papier albuminé, est d'un très joli effet pour les paysages tirés sur papier salé qui ressemblent aux dessins à la sépia (M. *X.*).

Virage au rouge des épreuves bleues obtenues avec le papier au ferro-prussiate. — Voici comment on peut faire virer au rouge les épreuves bleues obtenues avec le papier au ferro-prussiate : Après avoir isolé dans le châssis-presse le papier sensible, on le passe, comme d'habitude, dans plusieurs eaux pour bien dépouiller l'image. Alors on trempe l'épreuve dans une solution faible de potasse ordinaire que l'on prépare au moment même de s'en servir en faisant dissoudre dans la cuvette même une petite quantité de potasse. On voit l'image, de bleue qu'elle était, devenir brune puis disparaître presque complètement; on rince rapidement l'épreuve puis on la met dans une autre cuvette; si l'on a préparé une solution de tannin à 1. p 100 environ, l'image reparaît; quand elle a une intensité suffisante, on lave à plusieurs eaux et on sèche; la teinte obtenue est rouge lie de vin (M. *Potier*, à Toulouse).

Transformation des tirages au papier bleu photographique au ferro-prussiate en épreuves brunes. — J'ai obtenu ce résultat par le procédé suivant :

L'épreuve positive bleue bien lavée à grande eau et séchée, est plongée dans une solution d'ammoniaque. On la maintient dans ce bain jusqu'à ce qu'elle soit complètement décolorée, ou à peu près (opération exigeant de 2 à 4 minutes).

On rince l'épreuve et on la plonge ensuite dans un bain d'acide tannique, puis on arrête l'opération aussitôt qu'on a la netteté et le ton voulus.

Cette dernière opération exige environ douze heures de bain; si au bout de ce temps la couleur n'est pas assez foncée, on l'active en ajoutant au bain quelques gouttes d'ammoniaque; on laisse environ une à deux minutes et on rince à grande eau. Les épreuves ainsi obtenues sont très jolies et peuvent être gardées, rappelant par leur couleur surtout les dessins à la sépia. N'ayant pas eu le temps d'essayer avec tous les procédés au ferro-prussiate, j'ajoute ici les formules qui m'ont servi jusqu'à ce jour à obtenir mes épreuves.

1° *Solution pour préparer le papier sensible.*

Tartrate de fer et potasse.......	15	grammes.
Prussiate rouge de potasse......	12	—
Eau de pluie....................	250	—

2° *Solution pour décolorer l'épreuve.*

Ammoniaque à 22°.............	100	grammes.
Eau de pluie..................	900	—

3° *Solution pour donner la teinte brune.*

Acide tannique................	10	grammes.
Eau de pluie..................	500	—

Dissoudre et filtrer (M. *R. Gautier*, *pharmacien chimiste*, à Cherbourg).

Autre formule. — Voici une méthode de virage pour le procédé au ferro-prussiate.

On peut faire virer les épreuves au ton noir en les plongeant dans une dissolution de 4 grammes de potasse dans 100 grammes d'eau ; puis, quand la couleur bleue a totalement disparu sous l'action de la potasse, et qu'elle est remplacée par une couleur jaunâtre, on les immerge dans une solution de 4 grammes de tannin également dans 100 grammes d'eau; puis, en les lavant de nouveau, on obtient ainsi des épreuves dont la teinte se rapproche de celle de l'encre à écrire pâle (M. *Félix Roy*, à Nancy ; M. *H. Pouillot*, à Etrépagny).

Papier sensible aux sels de fer. — Il faut employer la meilleure qualité de papier, sinon le perchlorure de fer suinterait au travers en faisant de très vilaines taches sur le verso, quand le papier serait développé. On obtient de très bons résultats en se servant de papier albuminé, mais alors il faut le faire flotter sur le bain pendant trente minutes.

Ce bain se compose de :

Perchlorure de fer..............	10	grammes.
Acide citrique ou tartrique......	5	—
Eau...........................	100	—

La sensibilisation doit être effectuée dans un cabinet noir et la solution maintenue toujours à l'abri de la lumière.

Un laps de temps variable entre quinze et quarante secondes suffira à la lumière solaire pour réduire tout le fer à l'état de chlorure ferreux, sauf aux endroits protégés par les lignes du dessin qui resteront toujours à l'état de sel ferrique.

Par un temps nuageux vingt à quarante minutes seront nécessaires. Lorsque l'exposition est complète, on doit observer une image sur un fond *jaune orangé sombre.* C'est à ce moment qu'il faut s'arrêter. On plonge alors le papier dans un bain contenant :

Prussiate jaune de potasse......	24	grammes.
Eau...........................	100	—

Lorsque l'image est suffisamment développée, on la lave dans une grande quantité d'eau propre, puis on la plonge pendant quelques minutes dans :

Acide chlorhydrique............	10	grammes.
Eau...........................	100	—

Ce bain aura pour effet de foncer la peinture et

blanchir le fond sombre. Après avoir lavé quelque temps, on fait sécher la copie qui est terminée.

Si, au lieu de se servir du prussiate jaune on se sert de prussiate rouge, en obtiendra une copie renversée, c'est-à-dire à lignes blanches sur fond bleu.

On obtient aussi une copie de couleur *pourpre*, en développant sur une solution *neutre* et *diluée* de chlorure d'*or* (M. L. *Brivin,* à Nantes).

Reproduction de gravures ou d'autographies par la photographie. — Voici une manière simple et à la portée de tous de reproduire une gravure ancienne, un autographe, une lettre, la copie même d'une lettre, ce qui est souvent très utile dans le commerce. Il suffit de mettre la lettre ou gravure à reproduire sur une feuille de papier sensibilisé et exposer *au soleil* ; pour bien joindre les feuilles on peut mettre une plaque de verre par-dessus, ensuite il ne reste plus qu'à fixer l'épreuve (M. F. *Bergmann,* à Lyon).

Papier au ferro-cyanure de potassium. — 1° *Procédé bleu.* — Ce procédé est connu en Amérique sous le nom de *Blue process.* Les dessins sont reproduits en ligne blanche sur fond bleu, tout papier bien glacé conviendra; comme c'est la seule dépense à faire, il faut le prendre de bonne qualité.

Le bain sensibilisant consiste en :

A.	Citrate de fer et d'ammoniaque..	10 parties.
	Eau............................	40 —
B.	Ferro-cyanure de potassium.....	10 —
	Eau............................	60 —

Les deux solutions sont faites séparément et filtrées si besoin; lorsqu'elles sont achevées, on les mélange et on les conserve dans un flacon *jaune* et à l'abri d'une lumière trop vive. On opère la sensibilisation de la manière suivante dans la lumière non actinique.

La feuille de papier est épinglée sur une planchette propre, on verse un peu de la solution dans un vase et on peint le papier au moyen d'un pinceau (blaireau) de la même manière que pour donner une teinte plate dans le dessin au lavis. On a eu le soin, avant de commencer, d'incliner la planche, de façon à ce que l'excédent de liquide ne puisse rester par endroits, ce qui formerait des taches. On laisse sécher dans cette position. Une fois sec, on peut le conserver longtemps, à l'abri de la lumière, dans un étui métallique, par exemple. Lorsqu'il est bien préparé, il doit avoir une couleur *jaune laiton.*

Pour faire une copie, on place le dessin dans un châssis à positif, à défaut de châssis, on prend une planche recouverte de flanelle, puis le dessin est recouvert par une plaque de verre (mais le châssis est de beaucoup préférable), et placé au-dessus d'une feuille de papier sensibilisé; il doit être exposé à la lumière solaire pendant six à huit minutes, ou à la lumière diffuse pendant une heure ou deux. Le sel double est réduit à l'état ferreux où la lumière le frappe et se combine immédiatement avec le cyanure rouge pour former du bleu de Turnbull, tandis que les parties protégées restent inaltérées; on continue l'exposition jusqu'à ce que, à l'ouverture du châssis, les lignes blanches aient presque disparu et que le fond noir soit vert grisâtre. Lorsque l'exposition est terminée, on enlève la copie et on la place dans une cuvette contenant de l'eau qu'on renouvelle quatre à cinq fois. Après ce lavage, on peut perfectionner le fond en transportant le dessin dans un bain de : acide chlorhydrique, 5 parties; eau, 100 parties. Il faut de nouveau laver à fond, puis faire sécher.

La seule objection sérieuse qu'on puisse faire à ce procédé, c'est la longueur de l'exposition par les jours nuageux. Dans ce cas, un changement de manipulation rend le procédé *très rapide*. Il suffit simplement de ne point mélanger les deux solutions, de sensibiliser le papier avec la solution A, d'exposer à la lumière (15 à 30 secondes suffisent), puis de développer dans le bain de ferro-cyanure et de finir comme ci-dessus (M. *L. Brivin*, préparateur la station agronomique de Nantes).

Papier sensible au ferro-prussiate. — Voici une formule pour préparer le papier au ferro-prussiate que je dois à M. le Dr Guider, dentiste à Montreux (Suisse) et excellent photographe. Je n'en connais pas d'autre et ne puis, par suite, point faire de comparaison. Je puis seulement dire qu'elle m'a donné d'excellents résultats.

1° Citrate de fer ammoniacal, 30 grammes dans 120 grammes d'eau.

2° Ferro-prussiate de potasse rouge, 30 grammes dans 120 grammes d'eau.

On mélange par parties égales et l'on badigeonue le papier avec un pinceau. Aussitôt sec, le papier peut servir. L'opération doit être faite dans une demi-obscurité. Prendre de préférence du papier à grain fin comme le *Rives n° 74* (*M. J. Jackson*, à Paris).

Phosphorescence et photographie. — En été, on rencontre dans les jardins, le ver luisant ou *Lampyris noctiluca* qui illumine nos massifs de fleurs de petites lueurs d'un beau blanc verdâtre. J'ai essayé de vérifier si la lumière émise par cet insecte était photogénique. Pour cela, dans une boite en carton, à couvercle perforé à coups d'épingles pour assurer une circulation d'air, j'ai placé une plaque au gélatino-bromure d'argent et au-dessus une femelle de ver luisant dont les segments lumineux de l'abdomen sont assez nombreux. Le tout étant à l'abri de la lumière, j'ai abandonné l'insecte dans sa prison pendant une nuit entiere. Le lendemain, après lui avoir rendu la liberté, j'essayais sur ma plaque l'effet d'un développateur alcalin. Je voyais bientôt apparaître de larges places noires indiquant les points où s'était reposée la bestiole, ces emplacements étaient reliés entre eux par des traînées noires qui permettaient de reconstituer la course nocturne de l'insecte. Avec ce cliché, j'ai tiré une épreuve positive. En été, où nombre de photographes amateurs se mettent en campagne, il est peut-être bon de se rappeler cette petite expérience. On pourrait en instituer d'analogues avec l'eau de mer rendue phosphorescente par les colonies du *Noctiluca miliaris* et aussi avec les plantes phosphorescentes telles que *Agaricus olearius* et *Rhizomorpha subterranea* (*M. A. Mermet*, à Paris).

Colles pour photographies. — Je crois utile de donner un conseil aux amateurs qui pourraient être tentés par les formules de colle à l'amidon, mélangée de glycérine. Cette colle, recommandée par quelques traités pour empêcher les épreuves de gondoler, peut être employée si la dessiccation est rapide et énergique; mais, si elle est lente ainsi qu'il arrive dans un album fermé, la glycérine, très avide d'eau, retient l'humidité, et les moisissures trouvent là des conditions excellentes pour leur développement. Aussi, voit-on bientôt la photographie se consteller de plaques verdâtres dues probablement au *penicillium glaucum*. Des taches couleur de rouille se montrent aussi, mais en moins grand nombre. En résumé, l'épreuve est perdue ou à peu près. Conclusion : ne se servir que de la vulgaire colle à l'amidon (M. *A. Mermet*, à Paris). (Voy. *Recettes utiles* pour les colles.)

Émaillage des épreuves photographiques. — On prend une glace ordinaire et après l'avoir convenablement lavée à l'eau acidulée et à la soude on la rince à grande eau et on l'essuie vigoureusement.

Puis, avec un linge propre, on frotte la surface avec un peu de talc de Venise.

Après avoir enlevé l'excès de talc avec un blaireau réservé spécialement à cet usage, on recouvre la surface de la glace d'une couche de collodion simple à 2 p. 100. On fait écouler l'excès du collodion en balançant la glace tenue inclinée à 45 degrés et on l'abandonne ensuite à elle-même sans s'occuper des rides qui se produisent à la surface.

Au bout d'un quart d'heure la glace peut servir au

transport en l'immergeant dans le bain de gélatine.

Pour préparer celui-ci, on a mis 10 p. 100 de bonne gélatine blanche à gonfler pendant quelques instants dans l'eau froide. En élevant peu à peu la température, on arrive à la dissolution complète de la gélatine.

On filtre alors sur un tampon de coton engagé dans la douille d'un entonnoir en verre et on reçoit le bain dans une cuvette de porcelaine que l'on a pris soin d'échauffer en y projetant un peu d'eau bouillante.

On prend alors l'épreuve à émailler et on l'immerge complètement dans le bain de gélatine; pendant que l'épreuve se détend dans ce bain, on prend la glace collodionnée sèche et, à l'aide d'une cuiller, on mouille de gélatine toute la surface collodionnée.

On relève alors l'épreuve, et après avoir appliqué le côté albuminé sur le côté collodionné de la glace, on chasse la gélatine en excès avec une raclette de caoutchouc ou un coupe-papier en os en le promenant sur le verso de l'épreuve qui adhère alors, par l'intermédiaire de la gélatine, à la couche de collodion.

On lave le côté opposé de la glace avec de l'eau presque bouillante, ce qui réchauffe la gélatine interposée et permet de s'apercevoir s'il ne reste pas quelque bulle d'air interposée.

On laisse sécher ensuite pendant quelques heures, puis avec un canif on découpe l'épreuve à laquelle adhère alors la couche de collodion formant l'émaillage.

Quand on a terminé, on introduit le contenu du bain de gélatine dans un flacon spécial et, lorsqu'elle a fait prise, on la préserve de toute altération avec l'air par une petite couche d'alcool dont on recouvre sa surface.

Quant aux glaces qui avaient servi de support à la couche de collodion, il suffit de détacher, avec un canif, toute trace de pellicule de collodion, et, après avoir talqué à nouveau, on peut s'en s'ervir comme cela est indiqué plus haut (M. *A. L.*, à Bordeaux).

Hydroxylamine. — Le nombre des substances révélatrices susceptibles d'être employées dans la photographie au gélatino-bromure est considérable. A part, en effet, les formules pour ainsi dire classiques, du développement à l'acide pyrogallique et à l'oxalate de fer, il existe d'autres procédés plus ou moins simples et plus ou moins pratiques permettant la révélation de l'image latente. L'un des plus intéressants parmi ces derniers est le développateur à l'hydroxylamine; cette dernière substance, employée à l'état de chlorhydrate, peut servir pour les positifs et pour les négatifs. De plus, comme une très faible quantité, 1 gramme par exemple, suffit pour développer plusieurs clichés, on peut la recommander aux touristes. Voici quelques formules donnant de bons résultats :

A	Alcool	15 cc.
	Chlorhydrate d'hydroxylamine.	1 gramme.
B	Eau	80 cc.
	Soude caustique	10 grammes.

Pour l'usage on mêle 60 parties d'eau à 3 ou 5 parties de A et 5 parties de B. Les négatifs produits sont gris d'acier, teinte très favorable au tirage rapide des positifs. La sensibilité de ce réactif est égale à celle de l'oxalate de fer et du pyrogal. Le prix est intermédiaire, comme on peut le voir par le tableau suivant :

1 litre de développateur	au fer.............	50	centimes.
1 — —	au pyro-soude....	25	—
1 — —	à l'hydroxylamine.	35	—

Voici une autre formule pour les « diapositifs » :

Eau...........................	500 cc.	
Chl. hydroxylamine......	1	gramme.
Soude caustique.................	2	—
Bromure d'ammonium...........	4	—

Employé avec le papier au chlorure d'argent, le chlorhydrate d'hydroxylamine permet d'obtenir les teintes les plus variées. Il est bon de noter que le prix de cette précieuse substance révélatrice a baissé d'une manière considérable. Elle coûte aujourd'hui environ 78 francs le kilogramme (*Cosmos*).

Révélateurs photographiques végétaux. — Au cours de récentes études sur les développateurs photographiques, j'ai été amené à expérimenter diverses substances végétales, qui jouissent de la propriété de s'oxyder au contact de l'air, sous l'action de la lumière, et de prendre une coloration de plus en plus foncée. Telle est, par exemple, *l'ésérine* ou *calabarine* retirée de la fève de Calabar, dont elle constitue le principe actif, très employé dans le traitement de certaines maladies des yeux. L'ésérine qui, à l'état de pureté, ressemble assez à de la gélatine, est hygrométrique et se transforme rapidement à l'air en une matière fortement colorée en noir violet. Les solutions, dans des flacons en vidange, se conservent mal et prennent également une coloration violette accentuée. Mes essais ont été faits avec une solution à 1 gramme p. 100, additionnée de 10 grammes de sulfite de soude et 10 grammes de carbonate de potasse. Avec cette solution, peut-être trop étendue, l'image se développe très lentement, et, après 10 à 15 heures, on a un cliché qui, au lieu d'être noir, comme avec les révélateurs au fer ou à l'hydroquinone, a une très belle couleur violette. — On peut obtenir ainsi des positifs sur verre d'une teinte délicate très remarquable. En supprimant le sulfite de soude, le cliché se développe plus rapidement, mais la solution s'altère très vite. Malheureusement l'ésérine est d'un prix très élevé : elle ne coûte pas moins de 10 à 12 francs le gramme. Aussi est-ce surtout à titre de curiosité photographique qu'elle mérite d'être signalée. C'est également à titre de curiosité que je citerai, comme donnant des résultats, sinon pratiques, du moins appréciables, certaines infusions végétales, telles que l'infusion de fleurs de *bouillon-blanc*. Ces fleurs, qui sont d'un beau jaune lorsqu'elles sont fraîches, noircissent à l'air et doivent être conservées bien tassées dans des flacons garnis de papier d'étain. — Si l'on en fait une infusion concentrée, avec de l'eau alcoolisée à 5 p. 100, et que l'on traite par cette infusion, additionnée de 10 p. 100 de carbonate de potasse, une glace au gélatino-bromure impressionnée, on obtient, après un certain nombre d'heures, un cliché dans lequel les parties qui ont le plus subi l'action des rayons lumineux se détachent d'une façon visible. Une infusion concentrée de *thé vert* donne des résultats plus nets : on obtient une image où tous les détails sont parfaitement détachés. On prend, par exemple, 50 grammes de *thé* que l'on fait infuser dans 100 grammes d'eau, et après avoir pressé et filtré, on ajoute 15 à 20 gouttes d'ammoniaque pure. Il n'y a plus qu'à introduire dans ce liquide la plaque impressionnée et à attendre quelques heures. L'*écorce de chêne* produit des résultats analogues. Ici, comme dans le thé, le bouillon-blanc, etc., c'est le tannin qui agit : l'infusion de ces substances réduit à chaud l'azotate d'argent, et à froid le bromure d'argent impressionné par la lumière. Il est probable que bien d'autres matières végétales, comme le *brou de noix frais*, dont le suc noircit rapidement à l'air, auraient la même action révélatrice. Le *gaïac*, qui contient une résine très oxydable, a des effets beaucoup plus rapides. — Il suffit de verser sur 30 grammes gaïac râpé ordinaire, non bleui par la lumière, une solution chaude de 10 grammes carbonate de potasse dans 100 grammes d'eau distillée, pour avoir un liquide révélateur. Lorsqu'on y plonge une glace impressionnée, l'image apparaît au bout de quelques minutes, et l'on obtient un cliché très détaillé, d'une excessive légèreté, presque transparent, présentant une teinte jaune tout à fait particulière (M. *P. Mercier*).

Révélateurs photographiques organiques. — Je me fais un plaisir de vous signaler deux substances qui ont la propriété de s'oxyder progressivement sous l'action de l'air et de la lumière et de prendre en conséquence une coloration de plus en plus foncée. Il s'agit de la *thalline* et de la *kaïrine*, substances récemment introduites dans la matière médicale et vantées comme antipyrétiques. Ces substances, en solution aqueuse ou alcoolique, mises en contact avec un peu de paraldéhyde, ne tardent pas à se colorer de plus en plus, surtout la *kaïrine* qui, chimiquement, est le chlorure du méthyltétrahydrure d'oxyquinoléine. La coloration de la *thalline* est d'un brun vert, finalement brun, tandis que celle de la *kaïrine* est d'abord rouge, puis brun rouge. C'est en faisant certaines recherches sur les alcaloïdes que j'ai eu l'occasion de constater ces deux réactions qui ont lieu même pour de petites quantités. Le prix de ces solutions serait donc assez modique, et l'on aurait l'avantage d'avoir des solutions exactement dosées, ce qui ne peut guère se faire pour des infusions végétales. Quant à la réaction, je crois que la paraldéhyde se retransforme en aldéhyde pour réduire les deux substances (M. *Eug. Ackermann*).

Révélateur au protochlorure de fer. — M. David Cooper, dans l'*Anthony's Bulletin*, annonçait que le protochlorure de fer employé comme révélateur lui avait donné d'excellents résultats. Un de nos lecteurs, M. G. Margat, à Périgneux, a eu l'occasion d'essayer ce révélateur, et voici quelques chiffres d'expériences qu'il a bien voulu nous communiquer. Si l'on fait une solution de 9 grammes de perchlorure de fer pour 30 grammes d'eau, si l'on prend 10 grammes de cette solution, et que l'on ajoute à cette quantité 80 grammes d'une solution ordinaire d'oxalate de potasse, on obtient un excellent révélateur pour instantanés. Il faut avoir soin d'ajouter quelques gouttes de bromure de potassium. Les plaques ainsi révélées sont devenues toutes jaunes en sortant du bain d'hyposulfite. Pour éviter cet inconvénient, il suffit de bien laver les plaques à leur sortie du bain de fer, puis de les plonger dans un bain d'alun contenant quelques gouttes d'acide citrique. Dans ces conditions, on évite toute coloration. Pour plus de renseignements, s'adresser à notre correspondant qui a fait plusieurs expériences à ce sujet.

Utilisation des vieux clichés de photographie. — Voici l'usage que je fais des vieux clichés photographiques. Je prends deux clichés soigneusement grattés et lavés. Je les mets l'un sur l'un l'autre en plaçant entre eux une photographie que je veux encadrer, et je les maintiens au moyen de quatre caoutchoucs rouges placés parallèlement aux côtés de la glace. On accroche très facilement ce cadre en soulevant le caoutchouc du haut. Il serait également facile, si l'on voulait, de coller les deux glaces sur les bords (M. *D. Marcel*, à Paris).

Vitesses de différents sujets et objets en mouvement. — Pour les photographies instantanées il est quelquefois bon de connaître la rapidité du mouvement des sujets ou objets à prendre. Voici quelques-unes de ces vitesses ; l'espace parcouru en *une seconde* par

			Mètres.
Un homme	qui fait 4 kilom.	à l'heure est de.	1,11
Un —	— 5	—	1,40
Un —	— 6	—	1,66
Un vaisseau	— 9 nœuds	—	4,55
Un chameau	— 180 kilom.	en 10 h. 20 m.	4,97

		Mètres.
Un vaisseau	— 12 nœuds à l'heure est de	6,07
Un —	— 300 m. en une minute.	5,00
Un vélocipédiste	— 2 milles anglais en $5^m,33$	9,65
Un torpilleur	— 21 nœuds à l'heure est de	10,60
Un patineur consommé		12,00
Un coureur qui fait 1 mille anglais en 2 m. 10 s.		12,36
Un train express qui fait 60 kilomètres à l'heure.		16,67
Un faucon ou un pigeon voyageur		18,00
Un train rapide qui fait 75 kilomètres à l'heure.		20,83
Une vague de la mer pendant la tempête		21,85
Un lévrier		25,34
Un train éclair qui fait 100 kilom. à l'heure		37,77
Une hirondelle, vol rapide		88,90
Un boulet de canon		500,00
Un corps soumis librement à l'action de la pesanteur		9,80 88
Un corps soumis librement après deux secondes		19,62
—	après dix secondes.	98,09

Récréations photographiques. — Caricatures. — On se donne bien de la peine à déformer un cliché sur gélatino, séparé de la glace et tiré tout humide dans un sens plus que dans l'autre, de manière à allonger, par exemple, ou à aplatir la tête, le nez, les oreilles, de sorte qu'en séchant, la couche de gélatine conserve ces déformations qui sont ensuite reproduites au tirage.

Le même effet se produit beaucoup plus simplement en obliquant avec exagération dans un sens ou dans l'autre la glace dépolie et par suite la glace sensible, soit à l'aide d'une bascule, soit en fixant l'arrière de la chambre obliquement sur son chariot. Au côté le plus éloigné de l'objectif correspond alors un allongement des rayons correspondants, d'où une apparence de fluxion sur l'une des joues, ou une tête olympienne, ou un menton de galoche, etc.

Mais tout cela n'est pas sérieux; et tout le progrès artistique à réaliser dans cette voie ne peut, selon nous, s'obtenir qu'en *grimant* convenablement le modèle.

Supposons, par exemple, que la maigreur de celui-ci lui donne un certain air de don Quichotte. Allongeons sa tête par un toupet et une barbe postiches; relevons ses sourcils vers les tempes à l'aide de quelques crins et d'un peu de diachylon ou par un trait noir; peignons sur son front quelques rides; et creusons un peu les joues avec de la terre de Sienne, etc. Effilons au besoin le bout de son nez avec un peu de cire rose à modeler; campons notre complaisant ami sur un tréteau, la lance au poing et l'épée dans l'autre main; accumulons sous son bras ou à son bras les accessoires : casque et bouclier; recommandons-lui de se bien pénétrer de l'esprit de son rôle, de lever les yeux un peu au-dessus de l'horizon, mais non au ciel, de rester grave et convaincu...

Vous aurez comme résultat une caricature de *Veillée des armes;* mais chacun appréciera l'esprit que vous aurez mis non seulement à bien choisir votre type, mais encore à bien rendre le héros par l'exagération voulue du caractère de sa tête et de sa physionomie.

L'esprit, tout est là: il n'est certes pas difficile d'équiper un touriste intrépide en *Tartarin*, un petit crevé imberbe en *demoiselle*, ou un bon garçon en *abbé Constantin*, en *Mathias-Sandorf,* ou en roi *Kokoricokambo;* mais encore faut-il que l'expression de la tête concorde avec l'équipement et en complète l'effet comique. De là, la nécessité de grimer le modèle ; et l'étude seule peut produire des artistes, en ce genre comme en tout autre.

Lors de la saison des bals masqués plus d'un amateur voudra utiliser les costumes de ses amis pour quelques récréations analogues, en grimant ses modèles pour compléter l'effet et rire davantage. Nous ne demandons à nos lecteurs qu'une chose, comme récompense pour une si bonne idée : c'est d'être admis à voir les *fruits* qu'elle aura portés — on n'a pas si souvent l'occasion de rire (*L'Amateur photographe*).

SOIN DES COLLECTIONS

(RECETTES ET RENSEIGNEMENTS DIVERS)

COLLECTIONS D'HISTOIRE NATURELLE

Conservation des échantillons d'histoire naturelle. — La préparation des échantillons d'histoire naturelle est une opération compliquée qui demande une assez grande habitude, pour arriver à des résultats satisfaisants. La nécessité d'un procédé pratique, n'exigeant aucune étude spéciale de la taxidermie, se fait sentir en ce moment, où l'histoire naturelle tend de plus en plus à prendre une large place dans l'enseignement, et où l'on s'occupe partout de la création de musées scolaires. Je crois donc utile de faire connaître une méthode dont j'ai fait souvent usage et qui m'a donné les meilleurs résultats.

L'échantillon à préparer (pièce anatomique, petits animaux) est soigneusement lavé et injecté, autant que cela est possible, avec une solution antiseptique (solution concentrée d'acétate d'alumine, de chlorure de zinc, de borax ou d'acide borique; solution alcoolique d'acide phénique), puis placé sous une cloche, au-dessus d'un vase contenant une substance desséchante. Dans mes essais, j'ai fait usage d'acide sulfurique; on peut employer également l'acide phosphorique, le chlorure de calcium ou la chaux vive; cette dernière substance a l'avantage d'être d'une manipulation facile et le plus à la portée de tout le monde.

La substance desséchante doit être renouvelée assez souvent, si la pièce à préparer est d'un volume assez considérable; il y a même grand avantage à opérer la dessiccation dans le vide, si on dispose des appareils nécessaires pour l'obtenir.

Pour la préparation des petits animaux, il est nécessaire d'enlever préalablement les viscères et de remplir la cavité abdominale d'ouate fortement imbibée de la solution antiseptique; on arrivera même, avec certaines précautions, à la naturalition presque complète, la déformation est très faible dans les conditions où se fait l'expérience, la dessiccation se produisant graduellement et très lentement. Pour les autres échantillons, les précautions indiquées plus haut sont suffisantes.

J'ai préparé de la sorte des poissons, des oiseaux et même un pied de cheval; la conservation de ces pièces était assurée après un séjour d'un mois dans le milieu desséchant, et, en effet, le pied de cheval me sert de presse-papiers depuis sept ans, et il n'a subi aucune altération.

Lorsqu'on fera usage de l'acide sulfurique, qui est la substance déshydratante qui conviendrait le mieux, sans le danger que présente sa manipulation, on évitera l'emploi d'un grand excès de réactif, en prenant le soin de disposer au fond du vase une couche de sable siliceux grossier, de pierre ponce concassée ou de verre pilé, que l'on imbibera d'acide; cette masse étant très poreuse, absorbera plus rapidement l'humidité que l'acide employé seul; elle devra aussi être renouvelée plus souvent (M. *J. de Brevans*).

Conservation de la couleur des plantes des herbiers. — Le procédé le plus anciennement connu est celui de l'abbé Manesse; on fait la solution suivante :

Alun.....	31	grammes.
Nitre..........	4	—
Eau............	186	—

Ayant mis dans cette liqueur l'extrémité inférieure des rameaux de plusieurs plantes et la queue de différentes fleurs, je m'aperçus que les couleurs en étaient plus vives avant et après la dessiccation et qu'elles duraient aussi plus longtemps sans altération que celles qui avaient été desséchées sans cette préparation. On les laisse pomper de la liqueur pendant deux ou trois jours, après quoi on met les plantes entre les deux feuilles de papier ou dans un livre, où on les presse légèrement, si c'est un herbier qu'on veut faire, et on enfonce la queue des fleurs jusqu'aux premiers pétales dans du sable blanc très fin et sec; après quoi on couvre le reste de la fleur d'environ 27 millimètres de sable qu'on distribue dessus en le faisant passer par un tamis: puis on les expose au four à une chaleur très douce pendant vingt-quatre heures; on les retire alors du sable avec précaution et elles se trouvent parfaitement desséchées. Si on laisse trop longtemps les fleurs dans la liqueur avant de les dessécher, les couleurs tendres sont sujettes à changer. Il faut avoir soin, après qu'on les a retirées du sable, de les tenir sous verre, pour les garantir de la poussière et de l'humidité de l'air. On peut également employer le procédé de M. H. Stoelzl. Pour empêcher, surtout dans les plantes succulentes, la fermentation qui les rend souvent noires et méconnaissables pendant la dessiccation, M. H. Stoelzl emploie l'alcool comme coagulant et l'acide salicylique comme antiputride; une solution d'une partie d'acide salicylique sur 600 d'alcool est portée à l'ébullition dans une capsule au bain-marie et toute la plante y est plongée un instant (une longue immersion décolore les feuilles violettes), puis pressée avec soin entre deux feuilles de papier sans colle. Ainsi traitées, les plantes sèchent rapidement et donnent un résultat très favorable; le rouge et le violet spécialement conservent une teinte très brillante (M. X.).

Moyens pour rendre la couleur aux fleurs décolorées. — Malgré toutes les précautions prises par le préparateur, il arrive souvent que des fleurs se décolorent pendant la dessiccation; on peut, jusqu'à un certain point, faire revenir la couleur: voici les deux procédés indiqués par M. Capus :

1° Emploi de l'acide azotique. — Les fleurs rouges surtout, qui ont tourné au violet ou au bleu, sont susceptibles de recouvrer leur ancienne couleur. On imprègne une bande de papier buvard blanc d'acide azotique très étendu (dix ou douze fois) que l'on conserve dans un flacon bien bouché. On y place la fleur et on met le tout entre plusieurs feuilles de papier sec que l'on soumet pendant plusieurs secondes à une pression modérée. Au bout de ce temps l'ancienne couleur a généralement reparu. Les fleurs ne demandent pas toutes la même pression ni la même concentration dans l'acide ; ainsi, quand une fleur est trop pâle après l'opération, c'est que la concentration était insuffisante ou la pression trop forte ; si, au contraire, sa teinte est trop foncée, c'est qu'on était tombé dans l'excès opposé. Les feuilles vertes de la plante ne doivent pas venir en contact avec l'acide sous peine de perdre leur couleur.

2° Emploi de l'acide sulfureux. — On peut encore exposer les plantes desséchées et divisées en petits paquets à l'acide sulfureux, en les plaçant dans une caisse qu'elles ne remplissent qu'en partie et dans laquelle on fait brûler du soufre (M. *A. Granger*, dans *le Naturaliste*).

Moyen de ranimer les fleurs qui commencent à se flétrir. — Mettre tremper dans l'eau bouillante environ les deux tiers de la tige, les fleurs peu à peu reprendront leur fraîcheur. Quand elles l'auront entièrement recouvrée, couper la partie baignée par l'eau chaude et les placer dans un vase rempli d'eau froide.

Conservation des fleurs. — Au moment où les parterres regorgent de fleurs de toutes sortes, il paraît intéressant d'indiquer le procédé suivant qui a été expérimenté avec grand succès et conserve aux fleurs leurs formes, leur beauté et leur fraîcheur. On prépare une liqueur en dissolvant 20 grammes de copal clair mélangé préalablement avec son poids de son sable ou de verre pâle dans 500 grammes d'éther. On trempe les fleurs dans la liqueur, on les en retire avec précaution et on les laisse sécher pendant dix minutes environ. On répète cette opération quatre ou cinq fois de suite. De nombreux procédés avaient été recommandés déjà, mais nous avons tout lieu de penser que celui que nous indiquons ici leur est supérieur et les laissera bien loin derrière lui (*Le Naturaliste*).

DIVERS

Moyen d'éviter le bruit de la pluie sur un toit de zinc. — J'ai employé un moyen pour éviter le bruit qu'occasionne la pluie tombant sur une toiture en zinc. Ce moyen consiste à tendre au-dessus des feuilles de zinc, et suivant leur déclivité, un filet ayant des mailles de 1 centimètre carré environ. Ce filet doit être aussi près que possible du zinc, mais sans le toucher. La majeure partie des gouttes d'eau ne vient pas, par ce moyen, heurter le métal et la nappe d'eau plus épaisse qui résulte de cette disposition achève d'amortir le choc des gouttes qui passent par la partie vide des mailles. La toiture en zinc du bureau de mes dessinateurs que j'ai ainsi recouverte, n'est plus assourdissante par les jours de pluie (M. *H. Lefebvre*, mécanicien à Marseille).

Vitesse des patineurs. — M. *Gauthier*, au Sentier

(vallée de Joux), nous dit qu'un patineur du Sentier a fait plusieurs fois le trajet du Pont au Sentier, sur le lac bien gelé, en quatorze minutes ; la distance est de 9 kilomètres. Dans certains cas, avec l'aide du vent, le trajet a été effectué en 10 minutes.

Voici un curieux renseignement complémentaire à ce sujet : On lit dans le *Carnet de l'officier de marine*, que, d'après Nordenskiold, il a été effectué, en vingt et une heures vingt-deux minutes et quelques secondes, une course de 227 kilomètres, en *skidoro* ou patins à neige, soit une vitesse de $2^{m},95$ par seconde ou $10^{km},620$ par heure. Le même carnet indique plus loin comme vitesse maxima d'un patineur exercé 12 mètres par seconde, autrement dit $43^{km},200$ à l'heure.

La vitesse des pigeons voyageurs. — Ceux qui élèvent des pigeons voyageurs ont assurément intérêt à connaître la vitesse que peuvent atteindre ces messagers. Un de nos lecteurs, M. I. C., à Brest, nous cite quelques chiffres qu'il extrait du *Carnet de l'officier de marine*. La vitesse ordinaire des pigeons voyageurs est de 80 kilomètres par heure, comme cela est indiqué généralement; mais la vitesse maxima peut atteindre une valeur bien plus grande. On cite le fait suivant : en 1884, quatre pigeons voyageurs du comte Karolyi sont allés de Paris à Buda-Pesth en sept heures. La distance qui sépare ces deux villes étant de 1 293 kilomètres, leur vitesse a été de $184^{km},8$ par heure, ou de $51^{m},31$ par seconde.

Une expérience intéressante a été effectuée dernièrement par la Société colomphile de Beauvais sur la vitesse que peuvent atteindre les pigeons voyageurs. Les pigeons ont été lâchés à 5 heures du matin à la gare de la Roche-sur-Yon (Vendée). Dans la matinée, le président de la Société, M. Woillez, recevait du chef de gare le télégramme : « Beauvais, de La Roche-sur-Yon, 9 h. 45 m. — Lâcher 5 heures du matin, temps couvert légèrement, vend du sud-ouest. » La distance qui sépare Beauvais de La Roche-sur-Yon est de 500 kilomètres : étant donné que les pigeons voyageurs parcourent en moyenne 60 kilomètres à l'heure, on attendait leur arrivée vers 1 heure de l'après-midi, ce qui n'empêchait pas, néanmoins, les intéressés de surveiller leurs colombiers. Le résultat a été surprenant. Le parcours a été effectué, en effet, par des pigeons arrivés premiers en un peu plus de cinq heures. Ils ont donc parcouru plus de 80 kilomètres à l'heure. Le soir, sur 37 pigeons lâchés, 6 seulement n'avaient point encore rejoint leur colombier (M. *Rondenet*, à la Roche-sur-Yon).

Réparation des ballons de baudruche. — On colle sur chaque trou de petits morceaux de baudruche au moyen d'un vernis à la gomme laque. Pour rechercher les petits trous, peu visibles à l'œil nu, on gonfle d'air le petit ballon, on promène sa figure à sa surface, et les petits trous sont révélés par l'impression de froid que produit, sur les joues ou sur les lèvres, le filet d'air qui s'échappe de chaque trou. Pour confectionner des montgolfières, ou à air chaud, il suffit de papier léger. Le papier de Chine serait excellent pour cette fabrication.

Pastilles pour encensoirs. — Les pastilles pour les encensoirs sont formées de 100 grammes de charbon de bourdaine ; 100 grammes d'oliban; 35 grammes de benjoin et 33 grammes de baume de tolu; délayer dans une solution de gomme additionnée de sucre en poudre, et former les pastilles. Le benjoin pourrait être employé seul, en le jetant sur un peu de braise incandescente.

Moyen d'étudier le piano sans gêner ses voisins et sans user le mécanisme. — Prendre une bande d'étoffe assez épaisse ayant $0^m,05$ de haut sur une longueur suffisante pour s'étendre dans toute la longueur du mécanisme, suspendre cette bande en la collant à une tringle en bois mince de même longueur et fixer ce petit appareil (durant le temps de l'étude) dans l'intérieur du piano, entre les cordes et les marteaux; ceux-ci ne frappent plus directement sur les cordes qui ne s'usent pas et l'attaque des marteaux sur l'étoffe rend le piano à demi muet. On trouve un système tout préparé, avec étoffe spéciale, chez M. E. Menesson, facteur de pianos à Reims : ce système est mobile à volonté et *d'une application facile à tous les pianos.*

Manière de fixer les bandes de caoutchouc sur les roues de vélocipèdes. — Les bandes de caoutchouc se fixent sur les roues de vélocipèdes de *deux manières :*

1° Au moyen d'une colle ou ciment s'employant à chaud ; c'est le procédé le plus généralement employé aussi bien en Angleterre qu'en France : toute la différence consiste dans la nature du ciment, chaque fabricant ayant sa recette.

2° Au moyen d'un fil métallique (de fer ou de cuivre) que l'on passe au centre du caoutchouc, lequel est percé à son centre d'un petit canal de la grosseur approximative d'un fil de fer, puis que l'on brase à ses deux extrémités : on passe de force sur la jante.

Non seulement j'ai constaté maintes et maintes fois ces modes de fixation, mais je les ai mis en pratique moi-même, ainsi que plusieurs de mes amis auxquels j'en avais fait la démonstration.

Les bandages de caoutchouc se vendent tout prêts à poser et VULCANISÉS d'avance : les fabricants de vélocipèdes les achètent dans les maisons spéciales. A Londres, la maison Hancock et Cie jouit d'une réputation universelle pour cet article ; j'ai reçu de cette maison *et posé moi-même* des bandages pour mes tricycles.

La soudure qui se fait au moment de la vulcanisation du caoutchouc est la soudure autogène du cordon de caoutchouc qui doit former un cercle sans solution de continuité. Malgré mes investigations je n'ai pu jusqu'à présent savoir d'une façon précise comment s'opère cette soudure. Un fabricant m'a dit qu'elle s'opérait par compression à une haute température ; dans tous les cas, je me suis assuré que la soudure est véritablement autogène et qu'il n'y a pas de ciment interposé (M. le Dr *M.*).

L'origine de la lettre X en mathématique. — Un lecteur ayant démandé des renseignements sur l'origine de la lettre X dans les mathématiques, nous reproduisons ce que publiait à ce sujet *Nature*, de Londres, dans son numéro du 27 juillet 1882, p. 305 : D'où vient l'X des mathématiciens? Telle est la question sur laquelle M. de Lagarde donne quelques curieux renseignements dans une note communiquée à la Société royale des sciences de Gottingue, Les anciens auteurs italiens donnaient à la quantité inconnue d'une équation le nom de *cosa* ou *res* qui était écrit au long ou remplacé par un symbole; ce nom était la traduction de l'arabe *sai*, chose, qui, chez les Maures de l'Espagne, voulait dire l'inconnue et était écrit *s*, par exemple, 12 x s'écrivaient $\frac{s}{12}$. En outre on avait l'habitude, en Espagne, de remplacer le signe arabe *s* par la lettre latine x. De telle façon que notre x semble avoir la même signification que l'arabe, la chose. En remontant jusque chez les Grecs, il paraît que Diophante donnait à l'inconnue le nom de ἀριθμὸς et n'employait que le sigma final en l'accentuant. On pense que ce sigma que les Arabes auraient écrit *s* en l'appelant *la chose*. Le grec, pour le carré de l'inconnue, était δύναμις, et pour le cube κύβος, et les noms arabes correspondants en viennent évidemment par assimilation, d'où une probabilité de dérivation dans le premier cas, bien que ne provenant pas de la traduction (M. *Alfred Colin*, à New-York).

Moyen de s'orienter avec une montre. — Vous prenez votre montre horizontalement, et, supposant le cadran divisé à partir de midi, en vingt-quatre heures au lieu de douze, vous tournez vers le soleil l'heure présente ainsi comptée. La ligne 12 heures (6 heures de la montre) indique alors le *sud*-nord. (Il va de soi que pour les heures du matin, il suffit d'ajouter douze. 10 heures du matin, par exemple, est la vingt-deuxième heure et correspond au XI de la montre.) Ce procédé, peu connu, je crois, joint à sa grande simplicité une rigoureuse exactitude si la visée est bien faite, car la différence entre l'heure moyenne et l'heure réelle est, dans l'espèce, absolument négligeable.

Manière de dédoubler le papier. — Voici un procédé pour dédoubler le papier. Il suffit d'immerger le papier, de trois à cinq minutes, selon la qualité, dans un mélange de : acide sulfurique, 1 partie ; eau, 5 parties. Le papier ne se parchemine que superficiellement, tandis que l'intérieur de la pâte se laisse facilement déchirer. Après avoir soigneusement lavé le papier, on le laisse sécher, on coupe tout autour de la feuille une étroite bande, et au moyen d'un canif, on commence à dédoubler l'un des angles; il suffit alors de tirer sur les deux petits bouts ainsi obtenus. L'auteur du procédé prétendait avoir pu de cette façon, dédoubler entièrement un numéro du journal anglais le *Times* (M. *Poncabaré,* à Oléron).

Contre le ronflement. — Dans les casernes, lorsqu'il y a un ou plusieurs ronfleurs, ce qui n'est pas rare, le camarade éveillé, mais qui ne veut pas interrompre le sommeil de toute la chambrée, siffle, pas trop fort et d'une manière prolongée. Ce bruit, sans éveiller le ronfleur, le fait changer de position et interrompt le ronflement. Je ne donne pas ceci comme une guérison, c'est simplement un moyen d'atténuer, pour un temps, les désagréments du ronflement.

M. *H. Lefebvre*, mécanicien, rue Lautard, à Marseille, a construit un petit appareil nickelé qui s'attache devant la bouche et qui empêche de ronfler.

On ne ronfle généralement que couché sur le dos; pour éviter de dormir dans cette position, se nouer une serviette autour du corps avec un *fort nœud dans le dos*, forcément on sera obligé de se coucher sur un côté (M. *J. Schweitzer*, à Nancy).

Caractères en papier pour affiches. — « Le *Bulletin de l'imprimerie* décrit ainsi la méthode employée par les Américains pour faire de grands caractères d'affiches, non plus en bois, mais en papier. La pâte, déflegmée et bien séchée, est broyée en poudre très fine et mélangée avec une substance qui la rend imperméable, comme la paraffine, l'huile de lin cuite, etc., et qui forme une masse facile à pétrir. Cette substance est séchée, pulvérisée, pressée aussi fortement que possible dans des matrices et soumise à l'action de la chaleur. Elle redevient molle et pénètre dans tous les creux de la matrice sous l'action d'une nouvelle pression. Les caractères ainsi préparés sèchent dans la matrice et ne peuvent changer de forme. On dit que ces caractères en pâte de papier sont aussi bons pour l'impression que les caractères en bois ou en métal et que leur durée est au moins aussi longue. » Il est peut-être bon de faire remarquer à ce propos que des essais semblables ont déjà été tentés en France il y a quatre ou cinq ans. L'inventeur qui habitait Nancy a même perfectionné le procédé, en faisant des caractères très peu épais et en les fixant tout simplement sur des cylindres de bois. Une presse a même été combinée pour pouvoir faire des tirages chromo-typographiques en une seule fois; on se servait de papier en rouleaux et l'on pouvait imprimer en toutes largeurs. La seule chose qui empêcha ce procédé de se développer est ce qui manque à beaucoup d'inventeurs : l'argent. Ceci prouve, une fois de plus, que les mêmes idées germent souvent dans beaucoup de têtes à la fois (M. *Ray. de la Morinerie*, à Reims).

Moyen d'assourdir les planchers sans charger les charpentes. — Pour éviter la sonorité des planchers, on remplit les vides qui sont constitués par les plafonds, les solives et les lames du parquet : mais on emploie ordinairement dens ce but des matières assez lourdes.

Le général Loyre a indiqué le moyen suivant, dans la *Revue du génie militaire*, pour assourdir les planchers sans charger les charpentes.

Il consiste à employer des copeaux de menuisier, que l'on trempe dans un baquet contenant un lait de chaux assez épais et que l'on fait sécher ensuite. Ces copeaux, bien tassés dans le vide, empêchent la propagation du son.

Il est, de plus, constaté que ces copeaux sont ainsi rendus incombustibles; par suite, les chances d'incendie sont diminuées par leur emploi.

En ayant soin d'ajouter par hectolitre de lait de chaux 1 kilogramme de chlorure de zinc, on réalise encore l'avantage : 1° d'empêcher les rongeurs de se loger dans les interstices entre les plafonds et les planchers ; 2° de détruire les ferments contenus dans les liquides qui filtreraient dans les fissures des planchers et de faire disparaître la source d'insalubrité des entrevous.

Le désinfectant indiqué ne présente pas de danger pour les ouvriers; cependant, s'il s'en introduisait des poussières dans les yeux, il pourrait en résulter des inconvénients que l'on évitera en munissant de lunettes de cantonnier les ouvriers qui manipulent les copeaux séchés et posent les planchers; ils devront avoir soin de se laver les mains en quittant le travail.

Ces mesures, appliquées dans divers hôpitaux, ont pleinement réalisé les avantages que l'on indique.

Procédé permettant de tailler le verre. — On se sert à cet effet des outils ordinaires, limes, meules, etc., que l'on trempe préalablement dans de la benzine saturée de camphre ; rien de plus facile alors que de travailler le verre comme on le désire; il suffit d'humecter, de temps en temps, l'instrument avec la solution précitée. On obtient les mêmes résultats en trempant les outils dans l'essence de térébenthine.

Raccommodage des habits. — Il existe, ou plutôt il se pratique, en Angleterre, une manière de raccommoder les habits assez singulière qui, je pense, n'est pas inconnue en France, surtout chez les tapissiers, mais qui gagnerait beaucoup à se répandre. Elle consiste à prendre une légère couche de gutta-percha qu'on place à l'envers de l'étoffe, sous la partie déchirée, qu'on a soin de rapprocher exactement; puis à passer sur l'étoffe un fer bien chaud qui recolle solidement l'endroit endommagé sans laisser aucune trace. Ce procédé est donc avantageux et très économique au point de vue du temps (M. *Druguet*, professeur à l'institution Saint-Romain, à Château-Chinon).

Moyen de trouver le jour de la semaine d'une date quelconque. — Le principe de la méthode est de trouver le « nombre journalier » du 1er mars de l'année considérée, et d'en déduire, à l'aide d'une table de concordance des mois, celui du jour donné. Voici la règle : on sépare la date en deux tranches, de manière que celle de droite renferme deux chiffres; exemple : 18|75 — 8|45. Puis on ajoute successivement à la deuxième partie de la droite : 1° le quart de cette deuxième partie; 2° le quart de la première; 3° le quintuple de la première; 4° le nombre 3. On ne tient pas compte des restes des divisions. Exemple :

$$\frac{75}{4} + \frac{18}{4} + 5 \times 18 + 3 = 75 + 18 + 4 + 90 + 3 = 190.$$

Puis on divise par 7 la somme de ces cinq quantités. Le reste de la division indique le « nombre journalier » du 1er mars de l'année considérée. Si le reste est nul, le 1er mars est un dimanche ; si le reste est 6, le 1er mars est un samedi. Ainsi le 1er mars 1875 était un lundi, car la division de 100 par 7 donne pour reste 1. Une table de corrélation permet de connaître immédiatement le « nombre journalier » du premier jour du mois considéré. Voici cette table :

	Années non bissextiles.	Années bissextiles.
Janvier	4	3
Février	0	6
Mars	0	0
Avril	3	3
Mai	5	5
Juin	1	1
Juillet	3	3
Août	6	6
Septembre	2	2
Octobre	4	4
Novembre	0	0
Décembre	3	3

Veut-on savoir le nombre journalier du 25 mai 1875 ? On raisonnera ainsi :

Puisque le 1er mars 1875 est un lundi, le 1er mai est un samedi. Les 8, 15, 22 mai sont aussi des samedis. Le 25 mai est un mardi. Autre exemple : quel jour sera le 14 juillet 1889 ?

$$89 + \frac{89}{4} + \frac{18}{4} + 5 \times 18 + 3 = 89 + 22 + 4 + 90 + 3 = 208.$$

$\frac{208}{7}$ a pour reste 5. Le 1er mars 1889 sera un vendredi. Le 1er juillet sera par conséquent un lundi.

Les 8, 15 juillet seront aussi des lundis. Le 14 juillet 1889 sera un dimanche, etc. (M. *Maurice Moureaux*, au Parc de Saint-Maur.)

Le tracé et la mesure des angles rendus faciles. — Il arrive constamment, par exemple dans le dessin des plans et dans l'opération du report sur papier des levés faits sur le terrain, que l'on a besoin de tracer des angles exacts. Ce tracé se fait en général à l'aide d'un rapporteur, ou bien encore à l'aide des tables trigonométriques qui donnent, soit la tangente, soit la corde de l'angle en question. Un procédé plus simple et souvent plus exact a été récemment indiqué par M. Dietzschold, directeur de l'école d'horlogerie de Carlstein (Autriche). Il nous paraît mériter d'être porté à la connaissance de nos lecteurs, en raison de sa simplicité.

M. Dietzschold fait la remarque élémentaire que si l'on trace un cercle dont la circonférence est exactement de 360 millimètres, chaque millimètre de cette circonférence représente un degré. Le rayon d'un semblable cercle est égal à $57^{mm},29\,578$, c'est-à-dire très sensiblement $57^{mm},3$. En le traçant et en prenant au compas à pointes sèches des longueurs de 1, 2, 3, etc., millimètres, on pourra prendre sur la circonférence des arcs qui ont très sensiblement 1, 2, 3 degrés, et il est aisé de se rendre compte dans quelle faible mesure la longueur de corde prise pour celle de l'arc entraîne ici des erreurs. En calculant exactement la longueur de l'une et de l'autre, voici les différences que l'on trouve :

Arc mesuré en degrés ou en millim.	Longueur de corde p.R = 57,3.	Différences entre l'arc et la corde.	Différences en fractions arrondies.	
1°	0,999 987	0,000 013	1/100 000	millim.
2°	1,999 899	0,000 101	1/100 00	—
4°	3,999 188	0,000 812	1/100 0	—
6°	5,997 259	0,002 741	1/400	—
8°	7,993 502	0,006 498	1/154	—
10°	9,987 312	0,012 688	1/80	—
12°	11,978 08	0,021 92	1/50	—
14°	13,965 20	0,034 80	1/30	—
16°	15,941 06	0,051 94	1/20	—
18°	17,916 06	0,083 93	1/12	—
20°	19,898 61	0,101 39	1/10	—

Il est à peine besoin de faire remarquer combien ces différences sont insensibles, et combien elles sont plus faibles que l'erreur commise par le meilleur dessinateur, avec l'usage du rapporteur. On peut dire, avec certitude, que jusqu'à 20 degrés, où l'erreur commise n'est que de 1/10 de millimètre, — ou de degré, — on obtient plus de précision par l'emploi du cercle de 57^{mm},5 de rayon, que par celui du rapporteur.

On peut objecter que le rayon de 57^{mm},3 est faible pour tracer des angles dont les côtés auraient, par exemple, besoin d'être prolongés assez loin. On peut alors sans crainte doubler ce rayon, le prendre égal à 114^{mm},6 et prendre chaque degré au moyen d'une corde égale à 2 millimètres. L'erreur sera encore bien faible, étant double de celles ci-dessus calculées. Mais cet agrandissement du rayon permettra de tracer avec exactitude, dans les travaux exigeant de la finesse, des engrenages, par exemple, des demi-degrés ou d'autres fractions.

La même méthode peut permettre de tracer avec

une exactitude très satisfaisante, des angles plus grands. On opérera alors par différence avec des angles bien connus et faciles à tracer, ceux de 30 degrés, 60 degrés et 90 degrés. Voici quelques exemples qu'il suffit d'indiquer pour comprendre le procédé :

$$73^\circ = 60^\circ + 13^\circ$$
$$52^\circ = 60^\circ - 8^\circ$$
$$108^\circ = 2 \times 60^\circ - 12^\circ$$
$$86^\circ = 60^\circ + 2 \times 13^\circ$$
$$132^\circ = 2 \times 60^\circ + 12^\circ, \text{ etc.}$$

Si l'on est sûr de tracer exactement 90 degrés ou 45 degrés à l'aide d'équerre, on peut obtenir toute une série d'autres angles très exactement.

$$52^\circ = 45^\circ + 7^\circ$$
$$39^\circ = 45^\circ - 6^\circ$$
$$86^\circ = 90^\circ - 4^\circ$$

et ainsi de suite.

Il nous paraît intéressant de faire connaître un procédé applicable avec la plus grande facilité, si l'on veut bien graver dans la mémoire ce rayon de $57^{mm},3$ et qui permet, à l'aide d'un décimètre et d'un compas, de tracer avec une exactitude plus que suffisante dans la pratique, tous les angles voulus (M. F. G.).

La cheville complaisante. — Étant donnés les trois trous ci-dessous (fig. 46. n° 1), rond, carré et triangulaire, de même hauteur, $0^m,03$ par exemple, percés dans du bois, métal, etc., construire une seule

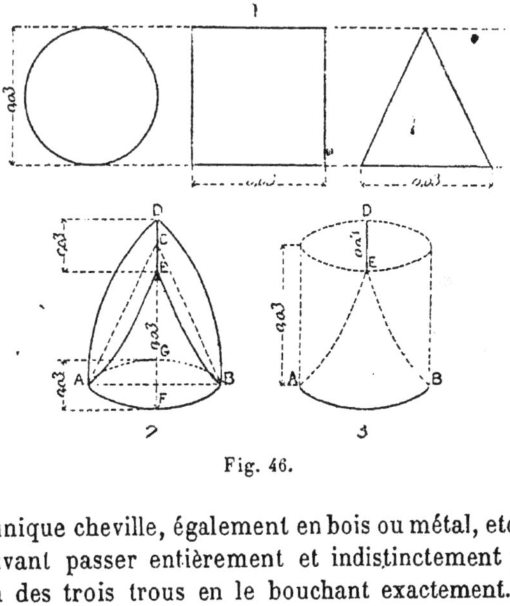

Fig. 46.

et unique cheville, également en bois ou métal, etc..., pouvant passer entièrement et indistinctement par l'un des trois trous en le bouchant exactement. La figure 46, n° 2 montre la forme à donner à la cheville ou plutôt au bouchon que l'on taille. On l'obtient en faisant un cylindre de $0^m,03$ de base sur $0^m,03$ de hauteur et en coupant et supprimant les portions pointillées AED et BED (fig. 46, n° 3). Le trou rond se trouvera bouché par la circonférence dont le diamètre est AB. Le trou carré par la partie DEFG. Le trou triangulaire par la partie ABC (M. *C. Richard*, à Culoz ; M. *A. Huber*, à Paris).

Un casse-tête. — Il y a un grand nombre de pro-

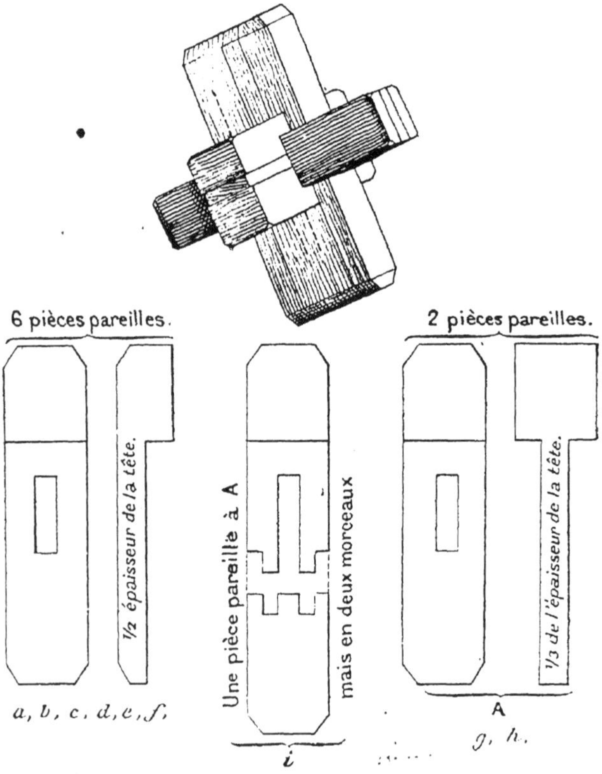

Fig. 47.

cédés pour façonner dans du bois des pièces taillées qui se montent et se démontent plus ou moins facilement et qui constituent des *casse-têtes*. En fouillant dans un vieux tiroir, il m'est tombé sous la main un casse-tête que je croyais perdu. La forme en est beaucoup moins connue que celle des objets habituels de ce genre, c'est pourquoi je prends la liberté de vous en envoyer la représentation faite de mon mieux. Notre figure 47 est suffisamment explicite pour qu'il ne soit pas nécessaire d'entrer à ce sujet dans une description détaillée. Le *casse-tête* monté est représenté à la partie supérieure de la figure. Les pièces démontées qui le constituent sont figurées au-dessous (M. *X*.).

Baguenaudier économique. — Permettez-moi de vous envoyer un petit baguenaudier confectionné avec un bout de bois, un bout de ficelle et deux boutons (fig. 48) : il s'agit, comme on sait, de réunir les deux boules dans une même boucle, ces boules étant trop grandes pour pouvoir traverser l'ouverture percée au milieu de la planchette. Voici la manière d'opérer : — N° 1. On allonge la boucle *a* et on y fait passer d'arrière en avant les deux boules. — N° 2. Laisissant entre deux doigts, les deux branches *b*, on les tire à soi de manière à amener les boucles *g* en avant à travers l'ouverture du bois. — N° 3. On fait glisser l'une des boules *d* par exemple successivement à travers les deux branches *e* et *f*. — N° 4. On tire aux deux branches *n* de la ficelle pour ramener les boucles *t t*, à travers l'ouverture, en arrière de la planchette. — N° 5. Il suffit enfin de faire glisser les deux boules par la boucle *i* pour arriver au résultat demandé (nº 6). Pour séparer ensuite à nouveau les

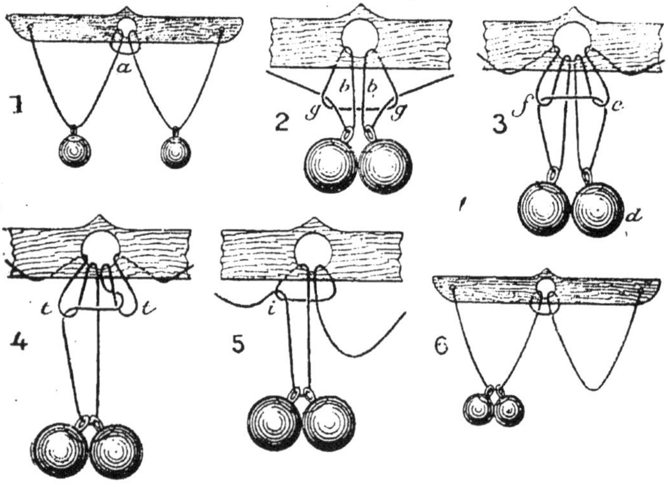

Fig. 48.

deux boules, il suffit de refaire les mêmes opérations en sens inverse (M. *Omer D. B.*, à Gand).

Curieuse manière de casser les noix sans casse-noix. — Voici un fait dont j'ai été témoin dernièrement dans un hôtel de Montdidier. Un voyageur, à table d'hôte, prenait des noix et parvenait à les casser en les lançant très violemment contre l'un des carreaux de la fenêtre; la vitre n'était nullement brisée et la noix retombait parfaitement cassée. J'ai souvent essayé moi-même l'expérience et j'ai toujours réussi (M. *V. Prophette*).

Curieuse propriété d'un nombre. — Je trouve dans un petit opuscule intitulé *Short cuts in arithmetic and curious calculations* publié chez Boyveau, rue de la Banque, un nombre dont les curieuses propriétés y sont signalées, mais sans être expliquées. Voici quel est ce nombre :

5263157894736842l0.

On peut faire les quatre opérations avec ce nombre et retrouver toujours au total, reste, produit ou quotient les mêmes chiffres se succédant dans le même ordre.

Prenons à titre d'exemple la multiplication :

$$\begin{array}{r} 5263^{*}157894736842l0 \\ \times 3 \\ \hline {}^{*}15789473684210526 30. \end{array}$$

En multipliant par un nombre composé on obtient un résultat semblable (*Un lecteur*).

Une récréation arithmétique. — Voici une récréation arithmétique qui surprend beaucoup les non-initiés. Demandez dans un salon à une personne qui, comme Léandre des *Plaideurs*, représente « l'assemblée », d'écrire, sans que vous le voyiez, un nombre quelconque, d'un nombre pair de chiffres, puis, au-dessous, ce nombre avec ses chiffres renversés, comme

943518

et 815349.

Ceci fait, le même Léandre est prié d'additionner ces deux nombres et de vous donner la somme, sauf un chiffre quelconque qu'il laissera en blanc à son rang, par exemple :

17588 — 7.

Vous prenez aussitôt un air inspiré, et vous déclarez que le chiffre omis est un 6.

Il en est de même si, au lieu de la somme du nombre primitif et du nombre renversé, l'assemblée aime mieux procéder sur leur différence et vous indique :

1 — 8169.

Vous devinez avec la même aisance que le chiffre absent est un 2. La magie est simple et l'explication à la portée d'un élève de quatrième. La somme d'un nombre et de ce même nombre renversé est un multiple de 11 ; leur différence est un multiple de 9. (La démonstration de cette propriété est trop facile pour que je m'y arrête.) Or on sait que, dans les multiples de 11, la somme des chiffres de rang pair est égale à celle des chiffres de rang impair.

En appliquant cette règle au nombre ci-dessus :

17588 — 7,

et en appelant x le chiffre inconnu représenté par un tiret, on a la relation :

$$\underbrace{x + 8 + 7}_{\text{rang pair.}} = \underbrace{7 + 8 + 5 + 1}_{\text{rang impair.}} = 21$$

Le calcul se fait mentalement et donne

$$x = 6.$$

Si l'on procède sur la différence, qui est un multiple de 9, il faut que la somme des chiffres soit elle-même un multiple de 9. On opère donc comme dans la preuve par 9, et l'on trouve de suite que le nombre

1 — 8169

ne peut être un multiple de 9 que si le chiffre absent est un 2.

Vous voyez qu'on peut passer à bon compte pour sorcier dans un salon. Je livre volontiers ma recette à vos lecteurs, si vous pensez qu'elle puisse les intéresser (M. *E. Cheysson*).

Sphéricité des liquides. — Ce phénomène, bien mis en relief par les belles expériences de Plateau, peut se démontrer d'une façon très simple : en petite quantité, chacun a pu observer la forme ronde des gouttes de rosée; en plus grande quantité, l'on procède de la manière suivante. On prend du papier, ou mieux une carte de visite, qu'on enfume parfaitement, d'un côté, en le présentant au-dessus de la flamme d'une lampe (le pétrole donne plus de fumée que l'huile, mais l'expérience réussit dans les deux cas). On plonge la carte dans un verre aux trois quarts rempli d'eau, en tournant la surface blanche du côté de la paroi. On voit aussitôt l'eau s'abaisser sur la surface enfumée, en formant un ménisque convexe : c'est que le noir de fumée empêche l'eau de *mouiller* la carte et, par conséquent d'y adhérer. Si l'on enlève maintenant, par un frottement perpendiculaire, une partie du noir de fumée, l'eau, *mouillant* le papier, remonte immédiatement dans la raie blanche et forme, entre deux ménisques convexes, un ménisque concave. Dans cette expérience, on remarque encore un phénomène curieux : si l'on regarde, soit obliquement, de côté, soit d'en haut, la partie enfumée qui plonge dans l'eau, elle apparaît brillante comme un miroir métallique. Cela tient à ce qu'un rayon passant dans un milieu liquide sous un angle plus grand que son angle limite, se réfléchit totalement. Or, c'est précisément ce qui se produit lorsque, sous une couche d'eau, se trouve un milieu moins réfringent, tel que la mince couche d'air interposée entre l'eau et le papier enfumé : la réfraction est supprimée, et la réflexion totale, par laquelle Monge expliqua si ingénieusement les mirages, nous fait voir la surface noire avec toute l'apparence d'un miroir brillamment argenté. Il faut bien noter que ce n'est pas le noir de fumée, mais la couche d'eau non adhérente, qui brille en réalité (M. *Léon Robinovitch,* à Paris).

Congélation de l'eau. — Voici la description d'une petite expérience assez élégante qui m'a été indiquée il y a déjà quelque temps dans la préparation d'un cours et que j'ai modifiée de manière à la faire entrer dans le cadre de la physique sans appareils. Il s'agit de démontrer la production de froid qui résulte de l'évaporation des liquides en général et de certains d'entre eux en particulier, tels que le sulfure de carbone ou bien l'éther. Nous prendrons ce dernier liquide dont l'odeur est moins répulsive que celle du corps qui le précède et avec l'usage duquel on est plus familiarisé. Les objets nécessaires consistent en un couvercle de pot de pommade en étain, une petite planchette de 8 ou 10 centimètres carrés, de 5 ou 10 millimètres d'épaisseur et n'ayant pas vu le rabot, un soufflet ordinaire ou un en papier, comme celui dont la construction se trouve décrite au commencement de ce volume (p. 20). La planchette étant placée sur une table, on verse dessus dix gouttes d'eau environ qui forment, en se réunissant, comme un ménisque mobile ne pouvant néanmoins se déplacer si l'horizontalité du support est suffisante. Après avoir eu soin de passer le couvercle à l'eau bouillante, on y met de l'éther jusqu'au tiers de sa hauteur à peu près, on pose le tout sur la petite flaque d'eau obtenue précédemment et le fond touchant seul le bois, le couvercle se trouve entouré d'un bourrelet liquide parfaitement maintenu sur la surface rugueuse de la planchette. On produit alors une évaporation rapide en faisant agir le soufflet placé à une petite distance du niveau de l'éther; mais on ne doit pas provoquer un courant d'air trop violent : l'éther, étant très mobile, se répandrait autour du récipient et se mêlant à l'eau la ferait pénétrer dans le bois, atténuant ainsi en grande partie ou détruisant même l'effet attendu. Au bout de trois minutes, au plus, l'éther est complètement évaporé, et on peut retourner la planchette sans crainte de voir tomber le couvercle que l'on y a placé : le bourrelet liquide, auquel l'éther en s'évaporant a emprunté de la chaleur à travers la paroi métallique, s'est peu à peu refroidi et se trouve transformé, vers la fin de l'opération, en un collier de glace maintenant le couvercle sur la planchette de telle façon, qu'un effort assez considérable est nécessaire pour l'en séparer. La disposition de cette expérience la rend encore plus curieuse et intéressante en ce qu'elle permet de suivre d'une façon complète le changement d'état du corps. En outre, qu'elle soit faite pendant l'hiver ou au moment des plus grandes chaleurs, la réussite est assurée (M. *P. Gay*, répétiteur à Lavoisier).

Curieux phénomène de capillarité. — Tout le monde sait qu'un corps ne saurait flotter sur une nappe liquide à moins d'avoir une densité plus faible que celle du liquide lui-même. Cette conséquence du principe d'Archimède est en contradiction avec des faits bien connus. Ainsi, par exemple, si l'on pose avec précaution des aiguilles d'acier suffisamment fines à la surface de l'eau, elles y demeurent en équilibre; les grosses s'y tiennent aussi facilement si on les graisse légèrement au préalable. *La Nature* a décrit ces expériences. « C'est en vertu d'un phénomène analogue que plusieurs insectes, les hydromètres par exemple, marchent sur l'eau, et (ajoute M. Privat-Deschanel dans ses *Notions de physique*), qu'un grand nombre de corps, de nature tout à fait quelconque, pourvu qu'ils soient *très ténus*, peuvent être posés à la surface d'un liquide sans pénétrer dans son intérieur : ces faits curieux sont dus en partie à la légèreté absolue des corps dont il s'agit. » Or il m'est arrivé dernièrement un véritable tour, se rattachant aux principes ci-dessus, et qui m'a fort étonné, étant donnée la densité du verre 2,50, celle de l'eau à 10 ou 12 degrés étant prise pour unité. Ayant un ancien cliché 30/40 (d'assez grande épaisseur, environ 3 millimètres et demi), à diminuer d'intensité, je le mis un soir au fond d'une cuvette plate, et j'ouvris quelque peu le robinet d'eau qui devait le rincer toute la nuit. Faute de pression dans le moment, l'eau ne coula pas devant moi. Je fermai mon laboratoire, laissant les choses en cet état. Quelle ne fut pas ma surprise, le lendemain matin, de trouver mon cliché flottant et tournoyant sur l'eau; la gélatine en dessus n'avait pas la moindre trace de mouillage, cela se comprend, et la dépression autour du corps de verre flottant était telle que je l'ai estimée à 5 millimètres au moins. Cette profondeur qui semble exagérée, peut facilement se vérifier, d'abord en répétant l'expérience (avoir soin de laisser arriver l'eau très doucement pour commencer, le cliché ayant été placé à sec au fond d'une cuvette et assez loin de l'arrivée de l'eau pour qu'il ne soit pas submergé par le flot) puis par la densité même du verre qui, étant de 2,5, a nécessité une dépression, une sorte de cuvette, de bassin au fond duquel le verre reposait, qui devait être de deux fois et demie l'épaisseur du verre lui-même : et alors le poids du corps flottant aura été égal au poids du liquide déplacé, en entendant ici par ces mots le liquide qui *aurait occupé* la totalité de la dépression due à la présence du corps (M. *Bergeret*, à Nancy).

Curieuse expérience d'osmose. — Prenez deux œufs de grosseur égale ou à peu près; plongez-en un dans de l'acide chlorhydrique dilué jusqu'à dissolution du carbonate de chaux de la coquille, puis placez-le dans de l'eau pure, vous le verrez se gonfler et doubler presque de volume dans l'espace de vingt-quatre à trente-six heures. Le second œuf sert de témoin pour constater l'augmentation de volume (M. *Ribeaud*, à Zoug. Suisse).

Manière de façonner trois cercles qui se coupent deux à deux à angle droit. — Prenez trois disques égaux formés d'une matière facile à scier. Sur ces disques vous faites avec une scie les traits indiqués sur les figures ci-dessous (fig. 49, nos 1, 2 et 3). La scie employée doit avoir pour épaisseur l'épaisseur même du disque.

Montage des disques. — Assemblage des disques 2 et 3 en plaçant la partie B de 3 sur la partie B' de 2; vous avez ainsi deux cercles qui se coupent à angle

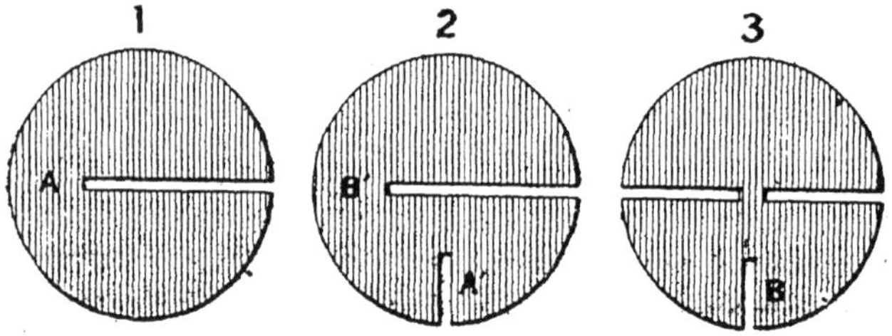

Fig. 49.

droit. Cela fait, prenez le disque 1 et appliquez la partie A de 1 sur la partie A' de 2 et les trois cercles sont installés.

Démontage. — Pour séparer les trois cercles il faut d'abord retirer le dernier qui a été placé, c'est-à-dire le cercle 1. Or tous les cercles ont le même aspect, il devient difficile d'effectuer cette séparation. On y arrive sûrement en essayant toutes les combinaisons possibles. L'un des trois cercles étant enlevé, la séparation des deux autres, est immédiate (Mme *Gabrielle Richon*).

Le tour du bouchon. — On tient deux bouchons comme l'indique la figure 50, n° 1. Les saisir d'un coup comme l'indique le n° 2, en les changeant de main n'est pas tout à fait facile au débutant; généra-

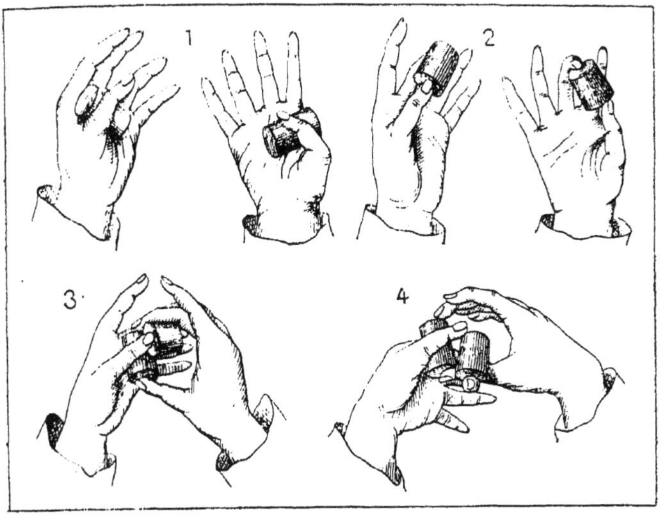

Fig. 50.

lement il se trouve pris (n° 3). La figure 50 n° 4 indique la manière de se tirer d'affaire (M. P. *Robin*, directeur de l'orphelinat Prévost, à Cempuis. Oise).

Le sou magique. — Un de nos lecteurs, M. B., à Paris, nous a adressé un sou qui peut être tenu au bout du doigt comme l'indiquent nos dessins ci-contre (fig. 51). Notre correspondant, qui est fort habile, a implanté dans ce sou deux petites pointes de fer à peine visibles, l'une au centre du sou, l'autre sur sa tranche. Ces petites pointes s'enfoncent légèrement dans la peau, à la partie superficielle seulement, sans que l'on ressente la moindre sensation de piqûre. Cette légère adhérence suffit pour que le sou soit

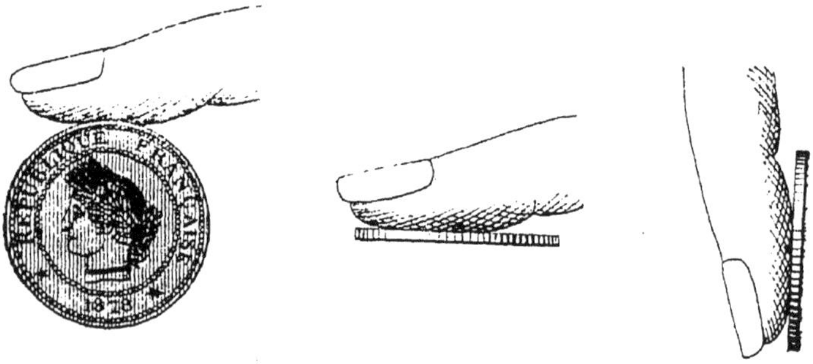

Fig. 51.

maintenu au-dessous du doigt, d'une façon qui paraît tout à fait merveilleuse à ceux qui ne savent pas le procédé employé. Les pointes sont recourbées parallèlement au sou et forment crochet ; elles sont à peine visibles à l'œil nu, à une certaine distance.

Curieuse expérience d'équilibre instable. — Au commencement de ce siècle, un Anglais crut avoir trouvé le moyen de marcher sur l'eau. Connaissant le principe d'Archimède, notre homme attacha sous ses pieds une quantité de liège suffisante pour soutenir son corps au-dessus du liquide : la densité du liège n'étant que le quart de celle de l'eau, il pensait réaliser son projet sans difficulté. Le malheureux avait oublié, ou ne savait pas, qu'un corps plongé dans l'eau ne peut rester en équilibre que si le centre d'immersion est au-dessus du centre de gravité : que cette condition seule lui permettrait de rester debout. Aussi, à peine dans le fleuve, le pauvre homme bascula, le liège remonta, la tête plongea et l'inventeur se noya : il lui arriva ce qui se passe dans les navires lestés de matières solubles. Si ces substances, par une fente du navire, se trouvent en contact avec l'eau, elles se dissolvent et sont entraînées; le centre de gravité du vaisseau se déplace sous le poids de la charge supérieure; le bâtiment bascule et flotte, la quille en l'air. Une expérience bien simple permet d'étudier cette question de l'équilibre instable. Dans un verre aux trois quarts plein de vinaigre blanc, mettez un œuf, de forme aussi allongée que possible. Le vinaigre attaque le carbonate de chaux de la coquille, et l'acide carbonique se dégage sous forme de bulles adhérant à l'œuf. Au bout d'un temps plus ou moins long, suivant le degré de concentration du vinaigre, l'œuf est couvert de bulles qui, vues obliquement, paraissent brillantes comme des gouttelettes de mercure, par la réflexion totale. L'œuf, grâce au gaz qui y adhère, déplace une plus grande quantité d'eau et remonte : c'est le principe d'Archimède; la partie supérieure, débarrassée des bulles qui s'en dégagent, devient alors plus dense que la partie inférieure, à laquelle adhère le gaz; aussitôt l'œuf se met à tourner lentement autour de son grand axe. A mesure que les bulles se dégagent à la partie de l'œuf qui, à son tour, arrive en haut, le centre d'immersion se déplace, pour se transporter au-dessous du centre de gravité, ce qui donne à l'œuf un mouvement de rotation lent et continu. L'expérience se prolonge ainsi assez longtemps. Au lieu de vinaigre, on peut employer l'acide chlorhydrique au vingtième : le résultat, alors, s'obtient plus vite (après deux minutes d'immersion, tandis qu'avec le vinaigre il faut attendre près de deux heures) ; la rotation est plus rapide, mais intermittente (M. *Léon Robinovitch*).

Expérience de physique amusante. — Je viens de réaliser ici une très jolie expérience sur le lac de Nantua. En canot, sur le lac, j'ai proposé de jeter une bouteille pleine d'eau au fond, par 15 mètres de profondeur et de lui commander de remonter quinze minutes après. Pour réussir, je remplis la bouteille d'eau et je glisse dedans 5 grammes de bicarbonate de soude et 5 grammes d'acide tartrique roulés dans un papier percé de trous d'aiguille ; je bouche la bouteille et j'enfonce un tube de verre au travers du bouchon jusqu'au fond de la bouteille ; j'attache le bouchon et je jette la bouteille qui descend au fond. Là, l'eau pénètre dans le rouleau de papier et dégage l'acide carbonique qui chasse l'eau de la bouteille par le tube ; celle-ci allégée remonte à la surface a l'étonnement des spectateurs (M. *F. Rasin*, à Nantua).

Le jeu des dessins ronds. — Voici un curieux petit jeu usité dans la classe enfantine à l'orphelinat Prevost. Nous ne pouvons donner que 4 spécimens des 108 dessins qui composent le jeu (fig. 52).

Ces dessins doivent être collés sur carton et découpés en rond. Voici leur emploi et leur utilité :

1° *Exercice de la vue, rapidité du coup d'œil.* — Les cartons, tous ou partie, sont étalés au hasard sur une table : trouver parmi eux un objet nommé.

On peut organiser ainsi le jeu : un groupe de six ou huit enfants est autour de la table, l'un d'eux nomme un des objets dessinés, celui qui le touche le premier le prend, en nomme un autre, et ainsi de suite. Le premier qui en a cinq est classé premier;

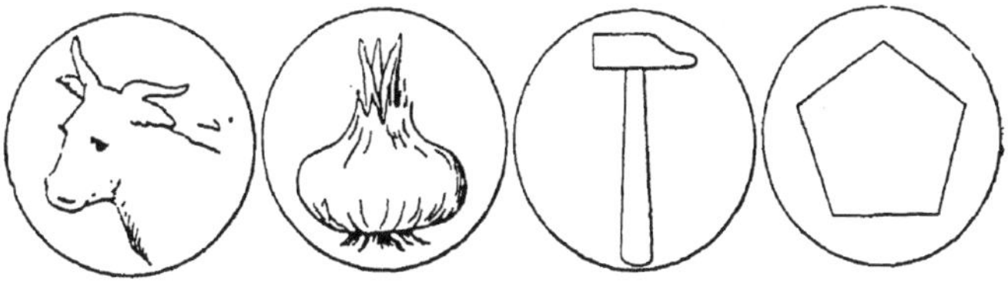

Fig. 52.

il les remet, brouille et cesse de jouer; les autres continuent et sont classés jusqu'à épuisement.

2° *Exercices gradués de style.* — Nommer de vive voix ou par écrit un certain nombre d'objets montrés; y ajouter une, deux... épithètes indiquant la forme, la couleur,... faire une phrase indiquant l'origine, l'usage,... ajouter une réflexion relative à son utilité, ses dangers, etc.

3° *Dessin.* — Ces dessins ne sont pas destinés à des *modèles;* mais presque tous indiquent dans leur simplicité la manière dont les enfants doivent arriver à savoir faire un croquis rapide des objets naturels.

4° *Exercice de classification et de discussion.* —

Grouper les objets d'après les idées qu'on doit pouvoir défendre dans une discussion.

Le cube ensorcelé. — J'ai l'honneur de vous envoyer un spécimen de *cube démontable* et présentant,

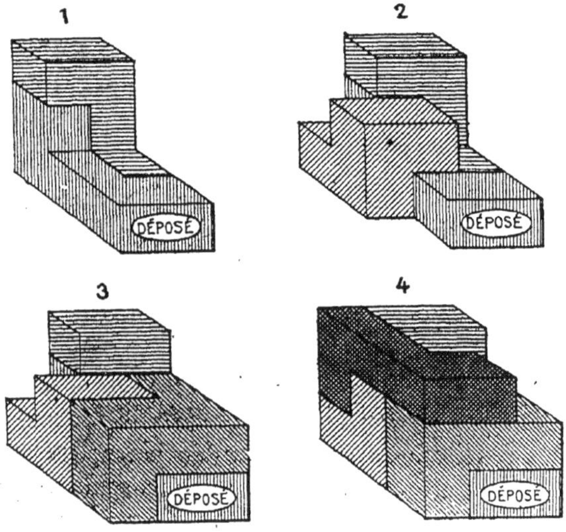

Fig. 53.

comme jouet, une foule de combinaisons avant d'arriver à la véritable, comme vous pourrez vous en couvaincre par vous-même. Je joins ci-incluses les figures descriptives de sa construction (fig. 53, nos 1, 2, 3 et 4). Je vous ferai remarquer, en passant, que les différentes parties de ce cube ont été faites sur une scie circulaire spéciale et n'ont pas vu le rabot (M. *E. Pécourt*, à Amiens).

Récréations. — Les cases de l'échiquier. — Combien y a-t-il de cases dans un échiquier? Chacun repond : 64, et, en effet, 8 rangs à 8 cases chacun donnent bien le produit 64.

Cependant, il y a des personnes qui soutiennent plaisamment qu'il y en a 65, et voici de quelle manière ingénieuse elles cherchent à prouver leur dire :

Elles prennent une feuille de papier blanc et y dessinent, aussi exactement que possible, un échiquier

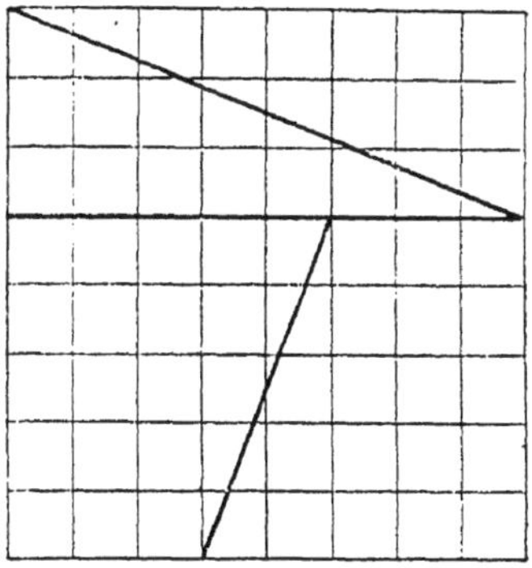

Fig. 54.

ordinaire, composé effectivement de 64 cases (fig. 54).

Puis elles découpent cet échiquier suivant les lignes noires (par exemple) indiquées sur la figure, et elles obtiennent ainsi 4 fragments qu'elles ajustent comme le montre la figure 55.

On voit alors, avec une légitime surprise, que l'échiquier possède désormais, non plus 64, mais bien 65 cases, puisqu'il y en a 5 rangées de 13.

Comment expliquer cet étonnant mystère? Comment peut-il se faire qu'un seul et même échiquier puisse avoir tantôt 64, tantôt 65 cases, toutes invariablement de même surface apparente? La question vaut qu'on s'y arrête, car il s'agit, en somme, de savoir si, par exemple, un entrepreneur de maçonnerie pourra, pour élever un mur de surface donnée, employer à son gré 64 ou 65 pierres de taille, ou si encore un entrepreneur de carrelage pourra, pour couvrir un plancher de surface donnée, employer, à sa volonté, 64 ou 65 carreaux.

Assurément, la solution ne saute pas aux yeux,

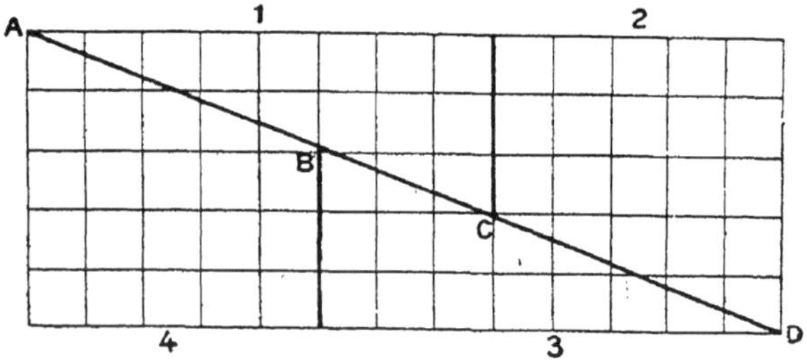

Fig. 55.

mais on peut l'exposer clairement, sans faire intervenir les x, de la manière suivante:

La figure 53 nous montre que les fragments 1 et 2 semblent former par leur réunion un triangle, et que les fragments 3 et 4 paraissent former par leur réunion un autre triangle, lesquels triangles semblent s'affronter exactement par leurs hypoténuses : or, en réalité, cet affrontement n'existe pas, et la raison en est claire, c'est que les figures en question *ne sont pas des triangles*, car la pente AC n'est pas le moins du monde du même degré que la pente CD, et, de même, la pente DB n'est nullement le prolongement géométrique de la pente AB. La vérité est que la figure réelle résultant du rapprochement des deux pseudo-triangles est celle que nous donnons ci-dessous (fig. 56); on aperçoit qu'il existe entre ces deux pseudo-triangles un espace vide d'aspect losangique; or, on démontre en mathématiques (et nous recommandons cette récréation scientifique), que cet espace vide, *fort peu apparent*, mais très réel (nous l'avons exagéré à dessein sur la figure 56), est précisément

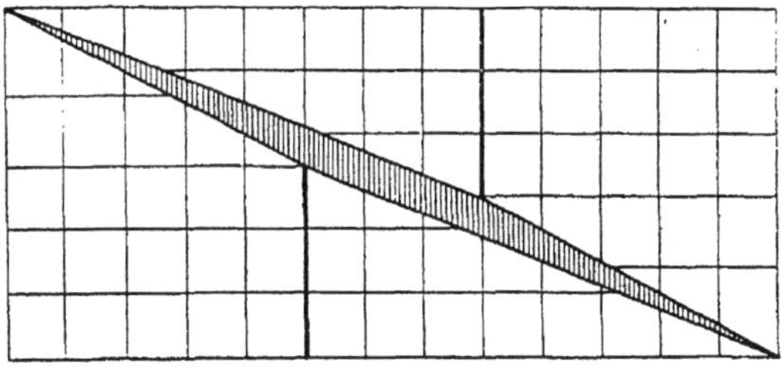

Fig. 56.

égal en surface à la prétendue 65e case : celle-ci n'est donc nullement un surcroît, comme on pouvait se l'imaginer, puisqu'elle représente tout simplement, nous le répétons, l'espace vide en question : la surface totale de l'échiquier *n'a donc pas varié*, puisque si, en apparence, elle a *gagné* une case, en réalité elle a *perdu* un espace losangique précisément égal en surface à cette case.

La flamme d'un bec Bunsen. — Il est bien connu que la flamme d'un bec Bunsen est un cône creux dont la partie intérieure est remplie d'air. On met cela en évidence par l'expérience classique de l'allumette dont les parties en contact avec les bords de la flamme brûlent, tandis que le milieu reste presque intact. Voici un autre procédé tout aussi simple à l'aide duquel on obtient le dessin de la coupe longitudinale de la flamme elle-même. On

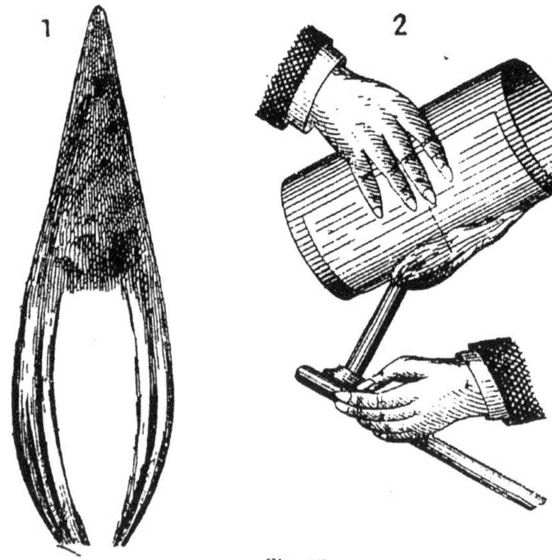

Fig. 57.

prend un tuyau métallique assez large et l'on applique à sa surface extérieure une feuille de pierre filtre que l'on maintient par les doigts. On présente alors le papier à un bec Bunsen placé ainsi que l'indique la figure 57 nº 2, et l'on obtient après quelques tâtonnements le tracé que nous représentons à côté nº 1. Comme la partie qui touche le bec se carbonise bien plus vite que les autres, il faut mettre sous le papier, à partir de la ligne pointillée de la figure, une seconde feuille de papier, qui sert à diminuer la conductibilité en ce point et à donner des résultats plus uniformes.

APPAREILS UTILES

Siphon pour décanter le vin en bouteilles. — Il arrive souvent que le bon vin dépose : cela est fréquent pour les vins de Bourgogne. La décantation faite en versant le vin d'une bouteille agite le liquide et le trouble. Nous signalerons aujourd'hui un ingé-

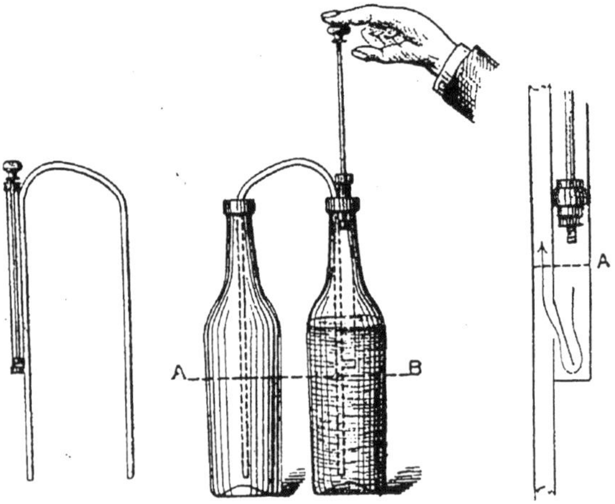

Fig. 58.

nieux siphon que nous adresse M. E. Fabry, 18, rue des Dominicains, à Nancy. Le siphon représenté à gauche de la figure 58 est muni d'un piston qui permet de l'amorcer sans aspiration par la bouche. On relève la tige du piston. On enfonce dans la bouteille pleine la branche du siphon muni de cette tige, tandis que l'autre branche est introduite dans la bouteille vide à remplir. On fait descendre le piston qui refoule le liquide dans la branche vide et fait écouler le liquide d'une bouteille à l'autre sans que la lie soit agitée. Quand le niveau dans les deux bouteilles arrive en AB, il faut baisser la bouteille à remplir à un niveau inférieur. La droite de la figure 58 donne le détail du piston et montre comment il peut amorcer le siphon quand il est arrivé à la partie inférieure de sa course.

Aiguilles s'enfilant d'elles-mêmes. — Voici une petite nouveauté digne d'être signalée : *Aiguilles s'enfilant d'elles-mêmes*. Sous ce titre se vendent deux espèces différentes d'aiguilles. La première (fig. 59, n° 1) a l'inconvénient de couper plus ou moins le fil et de l'amincir ; en outre, quand on appuie trop fort avec le dé on brise facilement la partie non ouverte qui supporte tout l'effort.

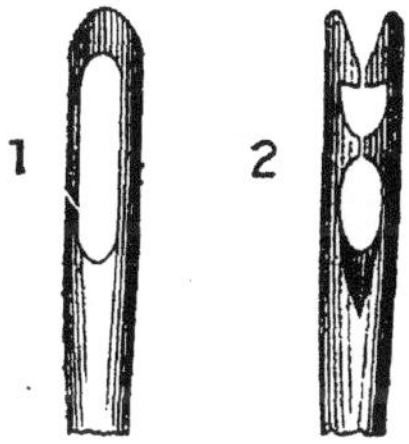

Fig. 59.

La seconde espèce, au contraire (fig. 59, n° 2), est plus robuste et s'enfile bien plus aisément. Il suffit de presser le fil sur la queue, tandis que dans le premier système il faut chercher le côté de la fente. De plus quand une des branches casse, on a la ressource du second œil qui s'emploie comme une aiguille ordinaire.

Le fabricant de la deuxième espèce est Kerby

Beard et C° à Londres, celui de la seconde, Henry Milward et Sons, Redditch, Brevet Kratz (M. *de la Morinnerie*, à Londres).

Éperon mobile à ressort. — Toutes les personnes qui portent les éperons mobiles connaissent les inconvénients des deux systèmes d'éperons mobiles

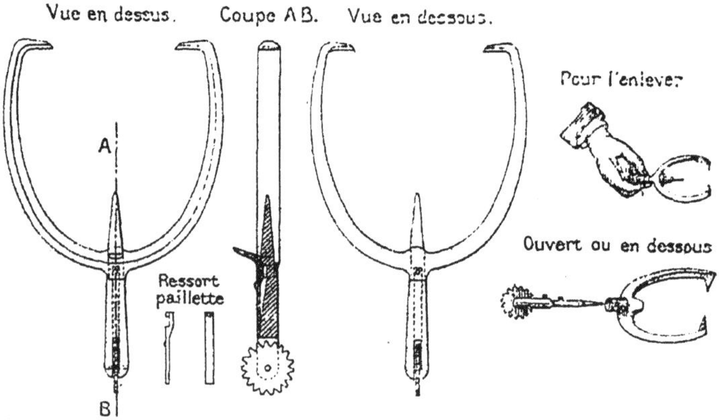

Fig. 60.

actuellement en usage ; savoir l'éperon à vis et l'éperon à boîte. Le premier se dévisse en marchant et la molette prend souvent une position horizontale pouvant occasionner la déchirure de la bottine ou du pantalon ; si on serre fortement la tige, le dernier filet de la vis s'use rapidement et la molette s'oblique de plus en plus à droite, ce qui est très disgracieux. Le second, c'est-à-dire l'éperon à boîte, ne peut être placé que sur des chaussures confectionnées exprès, portant la boîte de l'éperon dans l'épaisseur du talon; de plus il peut se perdre facilement et n'a qu'une solidité médiocre en raison de son seul point d'appui sur le prolongement de la tige. M. Décugis, lieutenant d'artillerie, à Vernon, a imaginé un système d'éperons pouvant s'adapter sur les chaussures sans préparation préalable, comme l'éperon à vis, mais ne présentant pas les inconvénients de ce dernier. La figure 60 représente l'éperon vu de dessus et fermé tel qu'il se trouve sur la chaussure. Si on appuie comme avec le premier doigt sur le petit bouton du ressort, ce dernier s'enfonce dans l'épaisseur de la tige et le pène étant alors sorti de son logement, il suffit d'un petit effort en arrière pour séparer la tige comme l'indique la figure. On comprend facilement qu'avec ce système, la molette conserve toujours sa position verticale, et que l'éperon ne peut être perdu en marchant, puisqu'il faut faire simultanément deux mouvements pour sortir la tige de la douille.

Instrument topographique de M. Prusker. — Deux règles assujetties par une broche, sont superposées et s'ouvrent comme les branches d'un compas (fig. 61).

La règle inférieure A est percée d'un certain nombre de trous (le zéro étant au pivot). La règle supérieure B porte une graduation, dont les divisions correspondent aux trous de la règle inférieure. Cette règle A est liée à un cercle rapporteur et muni d'un niveau.

Le mode d'emploi de l'appareil est le suivant :

Supposons d'abord qu'il s'agisse de la mesure des angles dans le plan horizontal et de la détermination de distances. Étant donnée une base *ab* (n° 3), si nous voulons rattacher à cette base quelque autre point P du terrain, nous plaçons l'appareil en *a*, en visant avec les pinnules de la règle A le point *b* ; on arrive ainsi à placer exactement cette règle dans la direction *ab*. Sans déranger l'instrument, on fait pivoter la règle supérieure, visant le point P, l'angle alors formé par

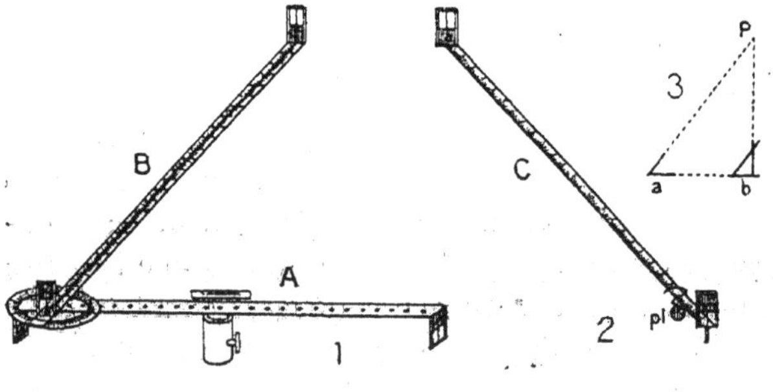

Fig. 61.

les deux règles, P *ab*, se lit aisément sur le cercle rapporteur. Je porte ensuite mon instrument en *b* et je fais faire aux deux règles A et B, l'angle *ab* (la règle A étant toujours dans la direction *ab*). Je prends une troisième règle C qui porte la même graduation que la règle B, et qui est munie d'une petite broche qui prend logement dans les trous de la règle A. Fixant la broche de la règle C, dans un des trous de la règle A, je vise le point P. J'obtiens ainsi sur les règles B et C deux lectures qui permettent, en utilisant les propriétés des triangles semblables ainsi formés, de déduire, l'une la distance P*a*, l'autre la distance P*b*.

Par exemple, soit la base $ab = 180$ mètres; 9 le numéro du trou dans lequel s'est engagée la broche de la règle C. Alors la valeur d'un intervalle serait de 20 mètres. Si j'avais obtenu sur la règle B, le chiffre 12,6, la distance P*a* serait donc $20 \times 27,4 = 540$ mètres ; et la distance P*b* seront donc $20 \times 12,6 = 252$ mètres.

Afin que la règle C ne tombe pas, soit en chavirant, soit par une secousse pendant le travail, je l'assujettis au moyen d'une petite sphère de plomb *pl* qui, en l'alourdissant, la maintient en place.

L'appareil permet aussi de mesurer des angles dans le plan vertical.

L'appareil en position est généralement porté sur un trépied ou un simple bâton dont la tête vient s'engager dans une bague liée, par une petite charnière, au petit plateau portant la règle A.

Il suffit de tirer un petit crochet pour faire basculer l'appareil et le placer dans le plan vertical. Ceci fait, j'assure au moyen du niveau d'eau la parfaite horizontalité de la règle A, et avec la règle B on vise le point à déterminer. L'angle que fait la ligne de visée avec l'horizontale se lit sur le cercle rapporteur. Dans le cas où l'on se contenterait d'avoir un résultat approximatif, mais très rapide, il suffit après avoir visé le point et fixé la position de la règle P, de mettre la broche de la règle C dans le trou 10 de la règle A, de manière que celle-là ait une position verticale. On obtient ainsi sur la règle C la tangente de l'angle ; ce qui permet d'obtenir la hauteur de l'objet, si l'on connaît la distance à laquelle il se trouve.

Comment on débouche une bouteille. — Le problème posé sur le titre de ce paragraphe est plus complexe qu'il n'en a l'air à première vue, du moins si l'on en juge par les figures (fig. 62 et 63) qui l'accompagnent et qui représentent un certain nombre de solutions choisies parmi les plus élégantes ou les plus commodes.

On pourrait appeler plus exactement le tire-bouchon un *manche à bouchon*, car, dans la plupart des cas, l'appareil qui porte ce nom n'a pas d'autre but que de donner un moyen de saisir le bouchon commodément et d'exercer une traction suffisante pour le retirer. Bien souvent même, ce manche artificiel et provisoire est inutile : avec un peu d'habileté... et de patience, on parvient à retirer des bouchons de bonne qualité dont la saillie au-dessus du bord supérieur du goulot ne dépasse pas *quatre* millimètres. Mais dès qu'on s'adresse aux vins cachetés qui ne présentent plus aucune saillie, le tire-bouchon devient indispensable.

La forme classique est représentée (n° 1, fig. 62). Tout détail sur le mode d'emploi serait aussi fastidieux qu'inutile. Disons cependant que la forme ordinaire n'est pas absolument recommandable, à cause de l'insuffisance de grosseur du manche.

Ce tire-bouchon classique ne serait pas assez rapide dans son emploi lorsqu'il faut, chaque jour, déboucher un grand nombre de bouteilles, comme chez les marchands de vins, par exemple. On se sert alors d'un *foret* ou d'un *coup de poing* (n° 2). Le foret, qui n'est qu'un coup de poing à longue tige et à manche léger, rappelle, par ses dispositions, une vrille rudimentaire ne portant qu'un léger filet à son extrémité. On l'enfonce plus ou moins obliquement dans le bouchon, suivant sa longueur, et, par un tour de main particulier, on ramène en arrière le foret qui

Fig. 62.

entraîne avec lui le bouchon le plus solidement fixé. Le coup de poing est un genre de foret qui sert plus spécialement aux sommeliers, dans les caves, à donner de l'air aux pièces de vin, et n'est qu'accidentellement utilisé au débouchage des bouteilles. La confusion faite par notre dessinateur n'a rien qui doive surprendre.

Tire-bouchons et forets ordinaires présentent un inconvénient commun dans certains cas; ils exigent un effort initial quelquefois considérable, si le vin est bien bouché, pour retirer le bouchon; on s'est alors préoccupé de diminuer cet effort en utilisant les principes connus de la mécanique, et, à ce point de vue, les tire-bouchons modernes constituent d'excellents appareils de démonstration pour l'enseignement de cette science pratique.

Quel que soit l'appareil, on doit, pour retirer un bouchon donné, dépenser un certain nombre de kilogrammètres, mais comme la course effectuée est très petite, il faut naturellement que la force exercée sur le bouchon, et surtout la force initiale, soit considérable : elle atteint 10, 12, 15, 20 kilogrammes et même davantage. On peut réduire cette force initiale en mettant à profit les propriétés du levier.

L'appareil représenté sous le n° 3 (fig. 62) s'explique de lui-même : après avoir enfoncé le tire-bouchon à la façon ordinaire et fixé le système sur le goulot, on voit qu'il suffit d'exercer un effort relativement léger sur le levier; cet effort se trouvant multiplié par 3 ou 4 sur le bouchon est toujours suffisant pour venir à bout du plus récalcitrant sans aucune fatigue. Le n° 4 (fig. 62) montre un tire-bouchon à vis dont nous parlerons plus loin.

La figure 63 est encore un exemple de tire-bouchon à levier; elle montre une disposition dans laquelle on a mis à profit le jeu bien connu qui sert à faire manœuvrer des petits soldats. Un treillage de lames de laiton se termine à une de ses extrémités par une poignée et à l'autre par une collerette annulaire qui s'applique sur le goulot de la bouteille. La vis du tire-bouchon est fixée au dernier croisement des

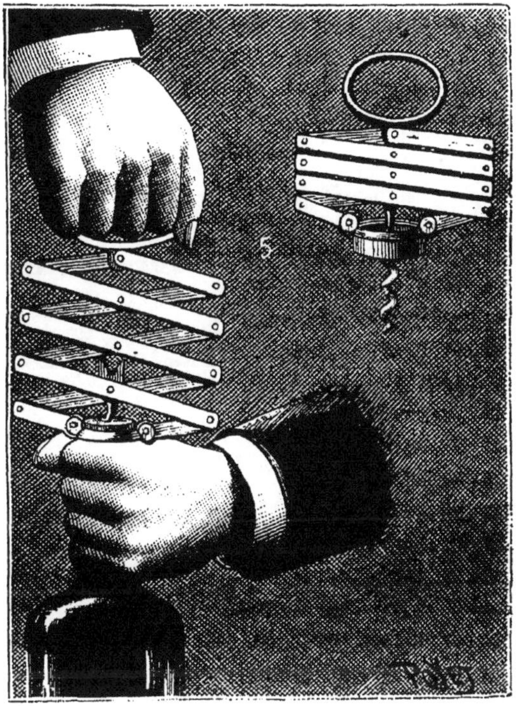

Fig. 63.

lames. On visse le système à la manière ordinaire et, à bout de course, on tire sur la poignée. Le tire-bouchon avance *n* fois moins vite que la poignée, mais l'effort exercé sur cette poignée est *n* fois moins grand que celui qui est nécessaire pour retirer le bouchon, si on appelle n le nombre de croisements des lames. Dans l'appareil représenté $n=4$, mais on peut réduire indéfiniment l'effort initial en multipliant le nombre des lames.

Nous préférons de beaucoup à cette disposition ingénieuse, mais un peu compliquée, le tire-bouchon de M. Perille (n° 4, fig. 62) dans lequel les propriétés de la vis sont si habilement utilisées. L'appareil comporte trois pièces : une coiffe qui s'applique sur la bouteille à déboucher, un écrou à trois oreilles et une tige doublement filetée dont la partie inférieure s'engage dans le bouchon et la partie supérieure dans l'écrou à trois oreilles.

La manœuvre comporte deux opérations distinctes : la première a pour effet d'enfoncer la vis dans le bouchon, ce qui se fait en tournant la poignée supérieure — près du n° 4 — dans le sens des aiguilles d'une montre. L'écrou reste fixe dans l'espace et la vis descend.

Lorsque la vis a suffisamment pénétré, on abandonne la poignée supérieure et on tourne l'écrou dans le même sens : la rotation de l'écrou fait alors remonter la vis qui entraîne le bouchon avec elle. L'avancement est de 8 millimètres par tour tandis que le point d'application de l'effort exercé par les doigts s'exerce sur une circonférence d'environ 5 centimètres de diamètre. L'effort initial est donc vingt fois moins grand, aussi suffit-il de deux doigts, quelque soit le bouchage, même celui fourni par les systèmes mécaniques les plus perfectionnés (Dr Z...).

Nous ajouterons à cette monographie quelques petits suppléments. Je suppose d'abord, ce qui arrive souvent, que l'on n'ait à sa disposition qu'un tire-bouchon ordinaire, tel que le représente le n° 1 (fig. 62). Outre qu'il est difficile de déboucher avec cet instrument une bouteille tenue entre les genoux sans l'agiter, ce qui est souvent un grand inconvénient, on risque, avec certaines bouteilles bouchées à la mécanique, de se donner un effort souvent grave; voici une façon d'opérer, écartant ces deux hypothèses, et que j'ai toujours pratiquée avec le plus complet succès sur n'importe quelle bouteille qui n'avait pu être débouchée autrement. Je pose la bouteille sur une table, tenant le goulot de la main gauche, la main affleurant le sommet du goulot. Je visse le tire-bouchon jusqu'à ce qu'il traverse le bouchon, puis je place autour de la tige du tire-bouchon entre la main gauche qui reste immobile et la barre transversale du tire-bouchon, la main droite que je rétrécis autant que possible pour l'y introduire en plaçant légèrement les doigts les uns sur les autres; il suffit alors de fermer la main droite complètement; dans ce mouvement les doigts reprennent leur place et la main tendant à s'élargir soulève le tire-bouchon et le bouchon. Mais il arrive souvent que l'on n'a pas à sa disposition même le plus simple tire-bouchon. Si vous avez un couteau, cela suffit; vous introduisez la lame dans le bouchon en le traversant et tenant la bouteille de la main gauche, avec la main droite vous tournez le couteau de droite à gauche en le tenant par le manche et tout en tournant, mouvement que suit le bouchon, vous faites effort pour arracher le couteau de bas en haut. Si vous n'avez pas de couteau et que le bouchon fasse saillie de 3 à 4 millimètres sur le goulot, vous encapuchonnez avec votre mouchoir, côté de la couture de l'ourlet, le bouchon, de façon que le bord du mouchoir affleure le goulot ; vous réunissez dans la même main tout le reste du mouchoir et vous le tordez jusqu'à ce que le bouchon se trouve suffisamment enserré, alors vous opérez comme avec le couteau. Enfin voici un autre moyen très curieux de débouchage. Vous vous asseyez et placez la bouteille entre vos cuisses, en la serrant, le goulot en bas, de façon qu'elle ne touche à rien autre chose; puis vous bourrez le fond de la bouteille avec un mouchoir chiffonné, de façon à avoir un tampon de linge bombant au-dessus du fond, alors vous frappez aussi fort que possible avec le poing sur le tampon de linge; trois ou quatre coups successifs, s'ils sont bien appliqués, suffisent pour faire sortir le bouchon, dégarni de cire, bien entendu (M. *P. C.*, à Nantes).

Autres tire-bouchons. — Le tire-bouchon que nous allons faire connaître offre une particularité en ce sens que sa construction est excessivement simple, son usage le rend plus pratique que n'importe quel autre système. Ci-joint un croquis. La figure supérieure n° 1 (fig. 64) montre l'appareil replié ; il se compose d'un tube de cuivre fermé à une extrémité par une espèce de chapeau fixe ; dans la partie longitudinale sont pratiquées diamétralement à l'axe deux rainures de $0^m,005$ de largeur. A l'une des extrémités se trouve une lame en acier A montée à charnière à l'intérieur du tube de façon à pouvoir la déplier comme le montre le n° 2 ; à l'autre extrémité s'engage une autre lame B et pouvant, l'instrument étant replié, s'engager complètement dans le tube et, par conséquent, fermer l'extrémité lorsqu'on ne se sert plus de l'appareil. Comme on peut le voir ces lames sont légèrement courbées en dehors. Voici comment on opère pour déboucher une bouteille : on enfonce d'abord la première lame (de gauche A sur le n° 2) entre le bouchon et le verre, puis cette partie une fois engagée, on agit de même de l'autre

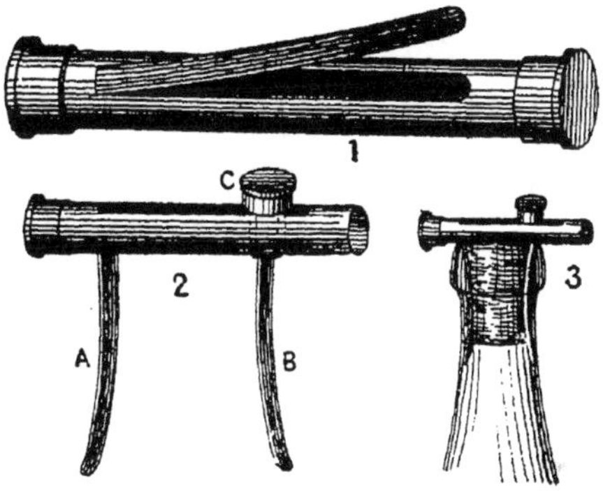

Fig. 64.

côté du bouchon en engageant dans la rainure du tube la lame libre, et toujours la pointe en dehors, de façon à faciliter le glissement le long du verre. Il suffit alors d'une simple torsion pour ramener, sans aucun effort ni secousse, le bouchon, si bien bouché qu'il soit; aucun ne résiste. Dans les meilleurs systèmes à vis il arrive encore fréquemment quand une bouteille est fortement bouchée qu'on ne peut en tirer que des morceaux, les bouteilles de chartreuse, par exemple. Comme on peut en juger, dans le n° 3, il y a un avantage qui n'existe dans aucun autre système, c'est que les bouchons ne sont pas attaqués; ils sont retirés intacts, pouvant dès lors servir à nouveau. Il y a donc économie réelle à employer ce système qui est peu coûteux (M. le Dr *Armaignac*, à Bordeaux; M. *Ruetschmann*, à Étain; M. *I.*, à Clermond-Ferrand).

Voici un intéressant système de tire-bouchon qui peut se mettre à côté de ceux que nous avons décrits. Ce tire-bouchon, en forme de stylet (fig. 65) s'enfonce

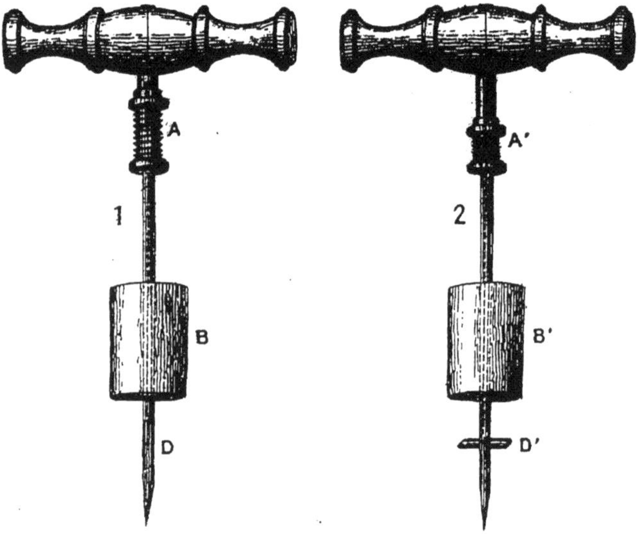

Fig. 65.

dans le centre du bouchon B qu'il doit traverser de part en part, et le dépasser jusqu'à ce que le petit ergot D caché dans l'épaisseur même de la lame effilée puisse sortir de son entaille et se placer en travers sous la partie du bouchon qui fait face au liquide (D'). Ce mouvement de bascule s'obtient très facilement par une légère pression de haut en bas sur le ressort à boudin voisin de la poignée A, ressort qui est fixé à une extrémité d'aiguille cachée dans la lame même (telle une épée dans son fourreau), et dont l'autre extrémité touche à un chanfrein pratiqué sur l'ergot en question D. Il ne reste plus qu'à tirer le bouchon à la manière ordinaire. Une fois extrait, on le dégage du stylet en ramenant à l'aide d'un doigt l'ergot dans sa loge et retirant le tire-bouchon. Ce système a l'avantage de ne pas abîmer les bouchons, dont les molécules simplement écartées et non déchiquetées reprennent facilement leur position primitive, après l'opération (M. *Albert Bergeret*, à Nancy).

Carnet à visites imprimeur. — La fabrication des timbres de caoutchouc a pris une certaine extension depuis peu. Voici maintenant un petit système imprimeur ingénieux, qui a été imaginé en Belgique, et qui obtient beaucoup de succès à Bruxelles. Ce petit appareil très simple (fig. 66) permet de faire les cartes de visite ou de commerce soi-même et au fur et à mesure des besoins. Il peut se porter dans la poche et a l'aspect d'un carnet ordinaire. Il se compose de trois feuillets articulés, se repliant l'un sur l'autre. Celui du milieu porte en caractères de caoutchouc la chose à imprimer : noms, adresse, profession, etc.; celui de droite est muni de drap imbibé d'encre et en temps ordinaire il est replié contre celui du milieu de sorte que l'appareil est toujours prêt à onctionner; enfin le troisième feuillet, celui de gauche, porte une glissière de la dimension exacte de la

Fig. 66.

carte à imprimer. Voici la manière d'opérer : on place une carte dans la glissière, on ouvre l'appareil et on rabat le feuillet portant la carte, sur celui portant les caractères d'imprimerie; c'est tout. Chaque fois qu'on imprime une nouvelle carte on encre les caractères en rabattant sur eux le feuillet garni de drap. On ne remet de l'encre sur ce dernier que de loin en loin.

L'appareil se fait de quatre dimensions différentes, depuis 9 centimètres sur 6 jusqu'à 12 sur 9; il est accompagné d'un flacon d'encre noire et d'un cent de cartons. Son prix est très modéré.

Lorsqu'on le désire, les caractères d'imprimerie sont montés sur une plaque à glissière et peuvent ainsi facilement être remplacés par d'autres. De sorte que pour une seule famille on peut avoir un seul carnet avec plusieurs noms. Nous ne craignons pas de prédire beaucoup de succès à cet ingénieux appareil (M. *G. M.*).

Tournevis américain. — Ce petit outil est fort pratique pour les vis de grosses et moyennes dimensions; il ne se construit pas pour les vis très petites.

Il se compose d'un manche ordinaire en bois, dans lequel est fixé un tube d'acier, à l'extrémité duquel est solidement attachée la lame plate qui s'introduit ordinairement dans la rainure de la tête de la vis.

La figure 67, n° 1, représente l'outil à l'état normal, c'est-à-dire ayant à peu près l'aspect d'un tournevis ordinaire; il peut être utilisé sous cette forme.

Si nous appuyons sur la petite pédale A, nous faisons sortir du tube, et de chaque côté de la lame (n° 2), deux petites griffes en laiton fort, C et B, qui dépassent l'extrémité de cette lame D tout en s'écartant suffisamment.

A ce moment, on introduit la tête de la vis entre ces deux griffes, de façon à ce que la lame du tournevis pénètre bien dans la rainure de la tête ; puis on abandonne la pédale, et, grâce à un ressort placé dans le tube, les griffes se referment fortement en serrant la vis sous la tête ; il faut appliquer solidement celle-ci sur l'extrémité de la lame de l'outil.

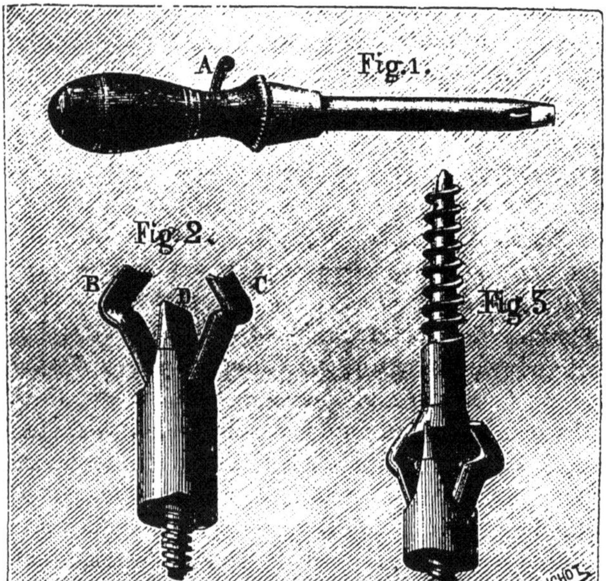

Fig. 67.

Dans cette position, la vis fait corps avec l'outil comme l'indique le n° 3 (fig. 67), et l'on peut facilement placer la vis dans le trou préparé à l'avance, et avec l'aide d'une seule main. Quand il ne reste plus que la tête de la vis à enfoncer dans le bois, on a soin de dégager les griffes au moyen de la pédale, et il suffit d'un tour ou deux de l'outil qui a repris sa forme ordinaire pour achever d'enfoncer complètement la vis.

Cet outil est très commode dans les endroits peu accessibles, tels que l'angle d'une caisse, le fond d'une rainure, etc., etc. Il se fabrique en trois grandeurs et longueurs différentes appropriées au diamètre des vis ordinaires. Nous avons eu très souvent l'occasion de nous en servir, et d'apprécier ses avantages et la commodité de son emploi.

Échelle pliante. — La figure 68 représente un système d'échelle pliante qui, je crois, est peu connu, quoique l'idée première qui a présidé à sa construction soit déjà assez ancienne.

Cette échelle se compose de deux montants demi-ronds, dans la face intérieure *plate* desquels on a pratiqué une rainure d'une largeur suffisante pour loger les échelons qui s'y trouvent appliqués longitudinalement quand l'échelle se trouve pliée. Chaque échelon est muni à son extrémité d'une virole en cuivre pour la solidité; puis il est placé dans la rainure de chaque montant où il est retenu par une goupille en acier, qui forme une sorte de charnière. Pour fermer cette échelle, il suffit d'imprimer à chacun des montants une impulsion verticale en sens contraire, les échelons s'alignent et finalement disparaissent entre les deux montants qui, venant se juxtaposer à leur tour ne forment plus qu'un cylindre de bois rond, de quelques centimètres de diamètre, et d'une longueur proportionnée à l'échelle.

Le n° 1 de la figure 68 montre l'échelle fermée, et le n° 2 la représente ouverte.

Fig. 68.

Cet appareil, peu encombrant, a sa place marquée dans les magasins, bibliothèques, etc., et là, en un mot, où l'on doit économiser la place. Il peut être aussi très utile dans les appartements où l'on a souvent à prendre un objet sur une planche ou sur un meuble élevé. Quand il est replié il ne forme plus qu'un seul bâton qui trouve facilement sa place dans l'angle d'un mur, sans être encombrant et gênant comme le serait une échelle ordinaire ou un marchepied.

L'échelle pliante a ses montants en bois vernis simulant le bambou et elle est ainsi d'un aspect élégant et agréable.

Éolipyle à essence minérale de M. Paquelin. — M. le docteur Paquelin a conquis depuis longtemps un rang distingué parmi les savants qui se sont posé le problème de tirer parti des merveilleuses propriétés combustibles du pétrole pour obtenir des effets utiles à la science et à l'industrie.

Après plusieurs années de recherches, l'auteur vient de créer un nouvel éolypile à essence minérale, destiné à remplacer rapidement l'éolypile à esprit de bois, qui a déjà rendu tant de services dans les ateliers. En effet, l'appareil combiné par M. Paquelin est beaucoup plus rapide à mettre en action, il produit une flamme d'une intensité incomparablement plus grande, il marche plus longtemps, s'éteint très aisément, coûte beaucoup moins cher de combustible, et enfin possède la propriété précieuse de fonctionner dans une position quelconque (fig. 69). Il a été présenté à la Société de physique, à l'Académie des sciences, et a figuré dans les soirées de la Société de physique, à l'hôtel de la Société d'encouragement, pendant la semaine de Pâques en 1888.

L'essence minérale destinée à l'alimentation de

l'éolipyle Paquelin se place dans un réservoir traversé par le tube servant à l'alimentation d'air. Il est séparé en deux chambres distinctes par une couche

Fig. 69.

de matière poreuse très serrée à travers laquelle doit passer la vapeur de pétrole. C'est à la présence de cette couche poreuse, empêchant le liquide de passer en bloc d'une chambre dans l'autre, que l'appareil doit la propriété de marcher dans toutes les positions. On peut même, sans l'éteindre, et sans modifier en rien son activité, le tourner en fronde comme un charbon ardent, et assez rapidement pour produire la sensation d'un sillon lumineux.

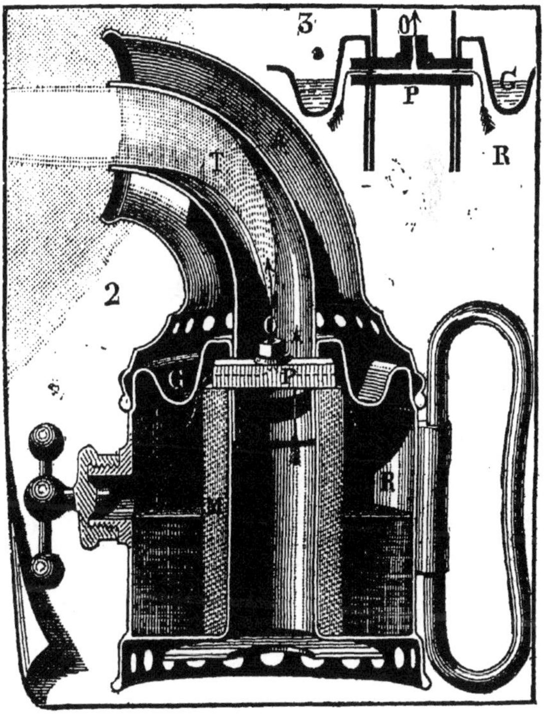

Fig. 70.

Voici quel est le mode de fonctionnement de l'appareil. L'essence minérale contenue dans le réservoir R (voy. la coupe ci-dessus, fig. 70) doit être mise en vapeur et sous pression. A cet effet, on verse environ 2 centimètres cubes d'essence dans la gouttière supérieure G. La lampe étant alors coiffée de son casque A, on allume cette essence à travers les orifices ménagés à la partie inférieure de cet organe.

Les vapeurs de l'essence minérale intérieure ne tardent pas à se former sous pression par suite de l'élévation de la température. Elles circulent à travers une ouverture pratiquée dans la pièce métallique P et sortent par un petit orifice O de très faible diamètre. Ces vapeurs sortant sous pression, l'appareil fonctionne à la façon d'un Giffard; l'air extérieur est entraîné par la canalisation centrale, ainsi que par les orifices latéraux de la cheminée. Il se fait ainsi un mélange de combustible et de comburant en proportion parfaite, de telle sorte que le carbone et l'hydrogène de l'essence minérale sont brûlés avec leur maximum d'effet. Le mélange produit s'enflamme de suite, et la flamme, d'abord blanche, prend bientôt la couleur bleu violet qui caractérise celle du bec Bunsen. Il y a combustion complète, d'où chaleur intense immédiatement développée dans la cheminée T. Cette cheminée de cuivre rougit immédiatement. A partir de ce moment, on peut renverser la lampe et s'en servir dans toutes les positions. Dans la position renversée l'essence minérale intérieure ne peut arriver dans la chambre d'ajutage que goutte à goutte en filtrant en quelque sorte lentement à travers la mèche M, et là, rencontrant des surfaces très chaudes, elle se vaporise aussitôt. L'allumage de la masse d'air mélangée de vapeurs produit une aspiration tellement énergique dans le tube d'alimentation, que M. Paquelin a été obligé de le garnir à sa partie inférieure d'une pièce à laquelle il a donné le nom de *brise-vent*, et qui sert à modérer l'impétuosité du courant produit.

On éteint très facilement le jet soit en soufflant transversalement, soit en bouchant vivement la gueule de la cheminée avec un tampon de papier ou d'autre matière.

Tout le temps qu'il fonctionne, l'appareil fait entendre un bruit caractéristique fort intense produit par l'énergique appel d'air déterminé par là combustion de la flamme. Son action dure environ quarante minutes et il consomme à peu près 160 grammes d'essence par heure. La mise en marche est d'environ une minute. La quantité de chaleur développée est si grande que l'on peut fondre aisément à l'air libre, l'argent de nos monnaies (pièces d'un franc), le cuivre rouge (fil de quatre millimètres) et l'or. Le nouvel éolipyle a des usages multiples : c'est l'outil de tous ceux qui ont à faire des soudures. Il sera fort précieux dans les ateliers, dans les cabinets de physique, dans les laboratoires, et deviendra l'appareil indispensable de tous les corps d'état qui se servent de la flamme et de la chaleur.

Réchaud à alcool. — L'appareil que nous allons faire connaître constitue un réchaud d'une grande puissance calorifique, et pouvant être fort utile dans les ménages pour obtenir promptement de l'eau chaude, pour faire cuire rapidement un plat là où l'on a pas de foyer disponible. L'alcool qu'il contient brûle sans mèche, et peut, comme dans un fourneau à gaz, donner une chaleur faible, modérée ou intense.

Ainsi que l'indique la figure ci-dessous (fig. 71), ce réchaud se compose, à sa partie supérieure, d'un brû-

Fig. 71.

leur E, à sa partie moyenne d'un réservoir à alcool C, et à sa partie inférieure d'un récipient d'air B, en caoutchouc. Au-dessous de ce récipient se trouve un plateau métallique qui s'élève ou s'abaisse avec une crémaillère quand on tourne le bouton A. Si l'on tourne de gauche à droite ce bouton, le plateau inférieur monte et vient presser le récipient d'air contre le fond du réservoir d'alcool. La pression intérieure qui en résulte se transmet par le tube C à l'air du réservoir, et par suite à l'alcool lui-même, qui alors traverse le tube central D et monte dans le vase brûleur en plus ou moins grande abondance. Il ne reste plus qu'à l'enflammer.

On gradue la flamme en tournant le bouton A dans un sens ou dans l'autre, de manière à faire arriver plus ou moins de liquide au vase brûleur.

Pour éteindre le réchaud, il faut tourner le bouton de droite à gauche. Le plateau inférieur s'abaisse, l'alcool redescend dans le réservoir et l'extinction se produit.

L'appareil est muni d'un support qui permet d'y poser facilement les vases contenant les substances à chauffer.

INDEX ALPHABÉTIQUE

FIN DE L'INDEX ALPHABÉTIQUE.

TABLE DES MATIÈRES

FIN DE LA TABLE DES MATIÈRES.

2298-89. — Corbeil. Imprimerie Crété.

Made in United States
Troutdale, OR
11/03/2026

56844488R00179